普通高等教育"十四五"规划教材
合肥工业大学教材出版专项基金资助项目

分析化学实验

主　编　汤化伟

副主编　邓苗苗　吴晓静

尹昊琰

合肥工业大学出版社

内容简介

本书由合肥工业大学化学与化工学院分析化学实验教师根据多年教学实际需求编写而成。

本书内容主要包括分析化学实验的基本知识、分析化学实验常用仪器操作及管理、误差理论与数据处理、基础化学实验和附录五大部分。其中分析化学实验的基本知识中重点介绍了实验室安全知识。第4章基础化学实验按类别分为6个部分：化学分析法、电化学分析法、光度分析法、光谱分析法、色谱分析法和分析化学综合实验。

本书内容全面，涵盖了分析化学实验教学的各个领域，与实际联系紧密。本书可作为高等学校化学工程与工艺、高分子材料与工程、应用化学、食品科学与工程、生物工程等专业基础化学实验课的教材，也可作为科研和实验人员的参考书。

图书在版编目(CIP)数据

分析化学实验/汤化伟主编 . —合肥:合肥工业大学出版社,2024.2

ISBN 978 - 7 - 5650 - 6319 - 0

Ⅰ.①分… Ⅱ.①汤… Ⅲ.①分析化学—化学实验—高等学校—教材

Ⅳ.①O652.1

中国国家版本馆 CIP 数据核字(2023)第 063507 号

分析化学实验

FENXI HUAXUE SHIYAN

汤化伟　主编		责任编辑　刘　露	
出　　版	合肥工业大学出版社	版　次	2024 年 2 月第 1 版
地　　址	合肥市屯溪路 193 号	印　次	2024 年 2 月第 1 次印刷
邮　　编	230009	开　本	787 毫米×1092 毫米　1/16
电　　话	党 政 办 公 室:0551 - 62903005	印　张	9.5
	营销与储运管理中心:0551 - 62903198	字　数	219 千字
网　　址	press. hfut. edu. cn	印　刷	安徽昶颉包装印务有限责任公司
E-mail	hfutpress@163. com	发　行	全国新华书店

ISBN 978 - 7 - 5650 - 6319 - 0　　　　　　　　　　定价：42.00 元

前　　言

　　分析化学实验是合肥工业大学化学与化工学院实验教学中心基础化学实验室为化学工程与工艺、高分子材料与工程、应用化学、生物工程、食品科学与工程等本科专业学生开设的一门重要的基础实验课,其目的是培养学生掌握化学实验的基本知识、基本操作与基本技能。同时,基于"新工科"理念,本课程不断强化培养学生的工程实践能力和综合创新能力。

　　本书的实验是根据当前实验教学实际情况和教材的统一性要求,结合实验教学大纲的改革,从近几年本校和各兄弟院校的分析化学实验中选编出来的。通过对分析化学实验基本知识和规则的掌握,了解分析化学实验学习的目的、方法和实验室安全常识。通过对基本操作技能的训练和误差分析与数据处理,培养学生发现问题、分析问题和解决问题的能力,培养学生的创新思维和创新能力,培养学生实事求是的科学态度和团队合作精神,加深学生对理论知识的理解。

　　参加本书编写的人员有汤化伟(第1章、第4章实验1～18与实验23～25、实验27、实验28和附录)、邓苗苗(第2章和第4章实验22)、尹昊琰(第3章和第4章实验19～21),吴晓静(第4章实验26)。吴晓静教授、邓苗苗老师对部分新增加的实验条件进行了试验,吴晓静教授对全书的编写结构提出了建设性意见。最后,全书由汤化伟老师负责整理并定稿。

　　本教材吸收了各位编写教师多年的教改经验,包含了广大实验教师和教辅教师的大量辛勤劳动和宝贵经验,编者在此表示深深的感谢!化学系从事分析化学工作的朱燕舞等教师和实验教学中心的实验教师为本书提出了许多宝贵的修改意见,编者深表谢意!在编写过程中,本教材编者参阅了大量已出版的优秀教材,从中获得了许多有益的启发。在本书的策划和编写过程中始终得到了合肥工业大学出版社的支持和关心。编者在此一并表示感谢!

　　由于编者的学识水平有限,书中难免有不妥和疏漏之处,我们恳切地希望使用本教材的师生们批评指正,以便今后不断完善。

编　者

2023 年 12 月

目　　录

第1章 分析化学实验的基本知识

1.1 分析化学实验的目的和学习方法

1.1.1 分析化学实验的目的

化学是一门实验科学,化学中的定律和学说都源于实验,同时又为实验所检验。因此,化学实验在培养未来化学工作者的大学教育中占有非常重要的地位。在人类社会进入 21 世纪的今天,分析化学已渗透到科研、生产和社会活动的各方面,成为提供有关物质组成和结构信息的必不可少的工具。因此,分析化学课程已成为高等学校中理、工、农、医等相关专业的一门必修课。分析化学实验是分析化学课程中的重要环节,是分析化学教学中的重要组成部分。

在分析化学实验中,学生自己动手进行化学实验,提出问题、查资料、设计方案、动手实验、观察现象、测定数据,并对测定的实验数据加以正确的处理和概括,在分析实验结果的基础上正确表达,练习解决化学问题。分析化学实验的全过程是综合培养学生动手、动脑、观察、思考、查资料、表述等智力因素和专业素养的最有效的方法,从而使学生具备分析问题、解决问题的独立工作能力。

在分析化学实验课程中,通过一般性实验、综合性实验和设计性实验的系统训练,学生可以直接获得大量的化学事实,经思维、归纳、总结,从感性认识上升到理性认识,从而学习化学分析的基本理论、基本知识,并运用它们指导实验。学生经过严格的训练,能规范地掌握常规分析实验的基本操作、基本技术。学生通过实验了解常见基准试剂的使用、常用的滴定方法和指示剂的使用,掌握常见离子的基本性质和鉴定方法,确立严格的"量"的概念,并学会运用误差理论正确处理数据。

在培养智力因素的同时,化学实验又是对学生进行非智力因素训练的理想场所,包括对刻苦钻研、勤奋不懈、谦虚好学、乐于协助、求实、求真、创新、存疑、严谨等科学品德和科学作风的训练,而整洁、节约、准确、有条不紊等良好的实验习惯,又是每一位化学工作者获得成功所不可缺少的条件。

1.1.2 分析化学实验的学习方法

学习分析化学实验,不仅需要学生有正确的学习态度,还需要学生有正确的学习方法。为完成上述教学任务,我们提出以下几个要求。

1．预习过程

认真做好实验课前的预习是做好实验的前提和保证。通过"看""查"和"写"几个环节，深入了解所用药品、仪器的特性和注意事项，细致分析、理解实验内容，充分估计可能出现的问题、准备解决的办法和应急措施等。

（1）"看"：认真阅读本书有关章节、有关教科书及参考资料，做到明确目的，理解实验原理；熟悉实验内容、主要操作步骤及数据的处理方法；明确注意事项，合理安排实验时间；预习或复习基本操作、有关仪器的使用。

（2）"查"：通过查阅附录或有关手册，列出实验所需的物理数据参数和化学数据参数。

（3）"写"：在"看"和"查"的基础上在实验记录本上做好必要的预习笔记，认真写好预习报告。

2．讨论过程

（1）实验前以提问的形式，师生共同讨论，以充分掌握实验目的、实验原理、操作要点和注意事项。

（2）观看操作视频或由教师操作演示，使基本操作规范化。

（3）实验后教师组织课堂讨论，对实验现象、实验结果进行分析，对实验操作和实验素养进行评说，以达到提高的目的。

3．实验过程

（1）实验操作要认真，按拟定的实验步骤独立操作，既要大胆，又要细心，仔细观察实验现象，认真测定实验数据，并做到边实验、边思考、边记录。

（2）观察的实验现象，测定的实验数据，要如实记录在实验报告本上。原始数据必须用圆珠笔、水笔或钢笔记录，不能用铅笔记录，不能记在草稿纸、小纸片上。不凭主观意愿删去自己认为不对的数据，不杜撰或篡改原始数据。原始数据不得涂改或用橡皮擦拭，如确实有记错的情况，需经老师核对后，方可在原始数据上划一道杠，再在旁边写上正确值。

（3）实验中要勤于思考，仔细分析，力争自己解决问题。碰到实验方面的疑难问题，可查资料，亦可与教师或同学讨论，获得指导。

（4）如对实验现象有怀疑，在分析和检查原因的同时，可以做对照试验、空白试验，或自行设计实验进行核对，必要时应多次试验，以便得到有益的结论。

（5）如实验失败，要检查原因，经教师同意后重做实验。

4．数据处理过程

做完实验仅仅是完成实验的一部分，余下更为重要的是分析实验现象、整理实验数据，把直接的感性认识提高到间接的理性思维水平。要做到以下几点。

（1）认真、独立完成实验报告。对实验现象进行解释，写出反应式，得出结论，对实验数据进行处理（包括计算、作图、误差表示）。

（2）分析产生误差的原因，对实验现象及实验出现的一些问题进行讨论，敢于提出自己的见解，对实验提出改进的意见或建议。误差分析和对实验结果的讨论非常重要。

（3）回答思考题。

5．实验报告书写过程

按一定格式书写实验报告，字迹端正，叙述简明扼要，实验记录、数据处理使用表格形式,作图图形要准确、清楚,实验报告要整齐、清洁。

(1)实验报告的书写一般分三部分,即预习部分、记录部分和结论部分。

① 预习部分(实验前完成):按实验目的、实验原理(扼要)、实验步骤(简明)几项书写。

② 记录部分(实验时完成):包括实验现象、测定数据,这部分称为原始记录。

③ 结论部分(实验后完成):包括对实验现象的分析、解释、结论,以及原始数据的处理、误差分析、讨论。

(2)实验报告的格式:分析化学实验属于定量分析过程,数据记录和处理采用表格形式。

1.1.3　分析化学实验的成绩评定

学生实验成绩的评定主要依据如下。

(1)对实验原理和基本知识的理解。

(2)对基本操作、基本技术的掌握,对实验方法的掌握。

(3)实验结果的准确度和精确度。

(4)原始数据的记录(及时、正确,包括表格的设计),数据处理的正确性,有效数字、作图技术的掌握。实验报告的书写与完整性。

(5)实验过程中的综合能力、科学品德和团队合作精神。

实验成绩的评定包括方方面面,实验结果也绝不是唯一的决定因素。

1.2　分析化学实验室规则

(1)遵守实验室各项规章制度,做好一切必要的安全措施,保证实验安全。

(2)不迟到、不早退,保持室内安静,不大声谈笑,不得在实验室内吸烟、进食。

(3)使用水、电、气、药品时都要以节约为原则,不造成浪费;使用电器设备时应特别小心,不能用湿的手接触电闸和电器插头。

(4)从瓶中取出试剂后,应立即盖好试剂瓶盖。绝不可将取出的试剂或试液倒回原试剂瓶或试液储存瓶内。

(5)闻气味时应用手小心地将气体或烟雾扇向鼻子。取氨水、盐酸、硝酸、硫酸、高氯酸等易挥发的试剂时,应在通风柜内操作。开启瓶盖时,绝不可将瓶口对着自己或他人的面部。夏季开启瓶盖时,最好先用冷水冷却。如不小心溅到皮肤上或眼内,应立即用水冲洗,然后用 5% 碳酸氢钠溶液(酸腐蚀时采用)或 5% 硼酸溶液(碱腐蚀时采用)冲洗,最后再用水冲洗。

(6)实验过程中,随时注意保持工作环境的整洁。妥善处理实验废弃物,火柴梗、纸张、废品等要丢入废弃缸内,不得丢入水槽,以免水槽堵塞。实验完毕后要洗净、收好玻璃器皿,把实验桌、公用仪器、试剂架整理摆放好。

（7）实验中要集中注意力，认真操作，仔细观察，将实验中的一切现象和数据都如实记录在报告本上，不得涂改和伪造。根据原始记录，认真处理数据，按时写出实验报告。

（8）进行加热操作或激烈反应时，实验人员不得离开。

（9）实验后由同学轮流值日，负责打扫和整理实验室。检查水阀、气阀、门窗是否关好，电闸是否拉开，以保证实验室的安全。最后经教师同意后方可有序离开实验室。

1.3 分析化学实验室安全知识

分析化学实验室具有试剂种类多、设备多、玻璃器皿多、环境复杂以及反应条件变化多样等诸多特点，在使用过程中存在各种安全隐患，即使看起来较安全的化学药品也会存在潜在的危险。此外，危险化学品的存储、报废等问题以及各种物理的和化学的危险因素并存都是实验室潜在危险的来源，如存储或报废过程不规范造成的二次泄漏和污染、使用加热设备时防护不到位或加热过度、用湿手接触电源开关造成触电、实验过程中打碎玻璃器皿造成划伤等。尤其对于危险化学品类，一旦操作不当则会产生危险，轻则受伤，重则死亡。

因此，应加强实验室安全意识和防护能力，了解分析化学实验室安全知识，时刻树立"安全第一"的思想，规范操作，把危险降到最低，以确保人员和财产的安全。

1.3.1 实验室的安全规则

（1）在实验室内学习和工作的所有人员必须获得实验室准入资格，并在签订实验室安全承诺书后方可进入实验室开展实验活动。

（2）进入实验室人员需穿着质地合适的实验服或防护服，按需要佩戴防护眼镜、防护手套、安全帽、呼吸器或面罩（呼吸器或面罩应在有效期内，不用时须密封放置）等。进行化学和高温实验时，不得佩戴隐形眼镜，不穿短袖、短裤、拖鞋。实验室内禁止饮食、吸烟，切勿以实验器皿代替水杯、餐具等使用，防止误把化学试剂入口。实验结束后要洗手，如曾使用过有毒药品，还应漱口。

（3）实验过程中要经常检查仪器有无漏气、破损，各仪器连接处是否松动，反应进行得是否正常等。

（4）使用浓酸、浓碱或其他具有强烈腐蚀性的试剂时，操作要小心，防止溅伤皮肤和腐蚀衣物等。对易挥发的有毒或有强烈腐蚀性的液体或气体，应在通风柜中操作。

（5）使用苯、氯仿、四氯化碳、乙醚、丙酮等有毒或易燃的有机溶剂时应远离火焰或热源，最好在通风柜中进行。用后应立即塞紧瓶塞，及时放在专用危险药品柜内，阴凉、通风保存。

（6）进行能产生具有刺激性的、恶臭的、有毒的气体的实验，以及加热或蒸发盐酸、硝酸、硫酸溶解或消化试样时，应该在通风柜内进行。

（7）用完气体或气体临时中断时，应立即关闭气瓶阀门。如遇气体泄漏，应停止实验,进行检查。

(8)氯化汞和氰化物有剧毒,不得误入口内或接触伤口。氰化物不能碰到酸(氰化物与酸作用放出的氢氟酸能使人中毒)。砷酸和钡盐毒性很强,不得误入口内。

(9)不得将易燃、易挥发、有毒废物倒入水槽或垃圾桶中,以免与水槽中的残酸作用产生有毒气体。应当专门回收处理,防止污染环境,增强自身的环境保护意识。

(10)实验进行时,不得擅自离开岗位,实验完毕后,值日生和最后离开实验室的人员都应负责检查水阀、气瓶阀门是否关好,电闸是否拉开,门窗是否关好。

1.3.2　实验室防火

分析化学实验中很多危险都与火有关。实验项目中难免用到酒精灯、烘箱、电炉等常用的加热设备,稍有操作不当则易引起火灾。有机物,特别是有机溶剂,如乙醇、丙酮等,一般容易着火,它们的蒸气或其他可燃性气体、固体粉末等(如氢气、一氧化碳、苯蒸气、油蒸气)与空气按一定比例混合后,当有火花时(点火、电火花、撞击火花)就会引起燃烧或猛烈爆炸。因此,着火是实验室常见的事故。万一不慎起火,应保持沉着冷静,切记不要惊慌,只要掌握灭火的方法,就能迅速把火扑灭。

火灾依据物质燃烧特性,可划分为 A、B、C、D、E、F 六类。

A 类火灾:指固体物质火灾。这种物质往往具有有机物质性质,一般在燃烧时产生灼热的余烬,如干草、木材、煤、棉、毛、麻、纸张等火灾。

B 类火灾:指液体火灾和可熔化的固体物质火灾,如汽油、煤油、柴油、原油、甲醇、乙醇、沥青、石蜡等火灾。

C 类火灾:指气体火灾,如煤气、天然气、甲烷、乙烷、丙烷、氢气等火灾。

D 类火灾:指金属火灾,如钾、钠、镁、铝镁合金等火灾。

E 类火灾:指带电物体和精密仪器等物质的火灾。

F 类火灾:烹饪器具内的烹饪物(如动植物油脂)火灾。

实验室防火要注意以下事项。

(1)加热设备应放置在通风干燥处,不直接放置在木桌、木板等易燃物品上,周围有一定的散热空间,设备旁不能放置易燃易爆化学品、气体钢瓶、冰箱、杂物等,应远离配电箱、插座、接线板等设备。使用加热设备时,温度较高的实验需有人值守或有实时监控措施。

(2)烘箱等加热设备内不准烘烤易燃易爆试剂及易燃物品,不得使用塑料筐等易燃容器盛放实验物品在烘箱等加热设备内烘烤。使用烘箱完毕后,清理物品、切断电源,确认其冷却至安全温度后方能离开。

(3)涉及化学品的实验室不使用明火电炉。如必须使用,须有安全防范措施,且使用时应有人值守。明火电炉、电吹风、电热枪等使用完毕后,须及时拔除电源插头。

(4)熟悉实验室常用灭火器(泡沫、二氧化碳、干粉),灭火毯,消防沙,消防喷淋等。常见消防设施存放位置和使用方法如图 1-1 所示。

泡沫灭火器的药液成分是碳酸氢钠和硫酸铝,适用于扑救一般 B 类火灾,如油制品、油脂等火灾,也可适用于 A 类火灾,但不能扑救 B 类火灾中的水溶性可燃、易燃液体的火

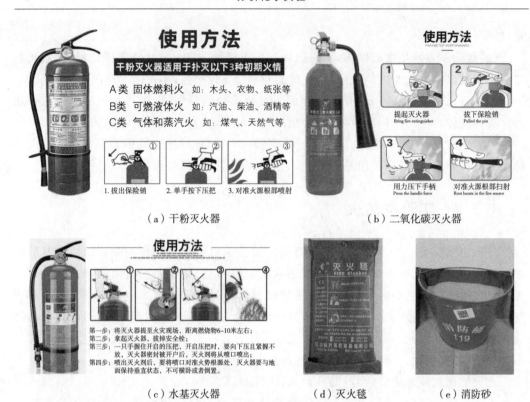

（a）干粉灭火器　　　　　　　　　　（b）二氧化碳灭火器

（c）水基灭火器　　　（d）灭火毯　　　（e）消防砂

图 1-1　常见消防设施存放位置和使用方法

灾，如醇、酯、醚、酮等物质火灾，也不能扑救带电设备及 C 类和 D 类火灾。灭火时随着有效喷射距离的缩短，使用者应逐渐向燃烧区靠近，并始终将泡沫喷在燃烧物上，使燃烧物隔绝空气，直到扑灭。

二氧化碳灭火器内装成分是液态二氧化碳，适用于油脂和电器的灭火，它不损坏仪器、不留残渣，通电的仪器也可以使用，但不能用于金属灭火。

干粉灭火器的主要成分是碳酸氢钠等盐类物质、适量的润滑剂和防潮剂，适用于油类、可燃气体、电器设备等不能用水扑灭的火灾。

（5）万一不慎起火，应立即熄灭附近所有火源，把一切可燃物质（特别是有机物质，易燃、易爆物质）移到远处。

（6）当可溶于水的液体着火时，可用湿布或水灭火。

（7）当密度小于水的非水溶性的有机试剂着火时，用沙土灭火（不可用水）。

（8）导线或电器着火时，应尽快切断电源，用四氯化碳灭火器灭火。

（9）关闭气瓶阀门，停止供气。

无论使用何种灭火器，都应从火的四周开始向中心扑灭。

1.3.3　实验室防爆

化学实验中，有两种情况可能导致爆炸事故：一是某些化学药品本身就容易爆炸。例如，过氧化物、芳香族多硝基化合物等在受热和受到碰撞时，均会发生爆炸；乙醇和浓硝酸混在一起时,会产生极强烈的爆炸;许多低沸点、易燃有机溶剂的蒸气和易燃气体在空气中的浓度达到某一极限(爆炸极限)时,一旦遇到明火即发生燃烧、爆炸。二是仪器安装不正确或操作不当时,也有可能引起爆炸。为防止爆炸事故的发生,要注意下列问题。

(1)使用易燃、易爆气体(如氢气、乙炔等)时,要保持实验室内空气畅通,严禁明火,并应防止由敲击、静电摩擦或电器开关等产生的火花而引起爆炸。

(2)量取低沸点易燃溶剂时,应远离火源。

(3)对于与空气以一定比例组成爆鸣气的低沸点易燃有机溶剂蒸气和易燃气体,要防止它们泄漏到空气中。

(4)有些药品遇到氧化剂时会发生猛烈燃烧或爆炸,操作时要特别小心。存放药品时,应将氯酸钾、过氧化物、浓硝酸等强氧化剂和有机药品分开存放。

爆炸事件会对实验室财产造成不同程度的损失、对人身安全造成不同程度的伤害。实验室爆炸事故给高校人员敲响警钟,"爆炸只在一瞬间",它是牵扯到生命与纠纷的重大事故,爆炸的同时常会引起火灾,所以必须引起警惕。

1.3.4　实验室防中毒

分析化学实验项目较多,涉及化学药品种类较广,既有常规化学品,又有腐蚀性、易燃易爆易挥发危险化学品。化学药品大部分有不同程度的毒性,在使用过程中其挥发物对人的皮肤、呼吸道和消化道都有一定的危害,严重者会腐蚀灼伤或中毒死亡。例如,很多含氯有机物累积于人体内会引起肝硬化,经常接触苯可能会造成白血病等。为防止中毒,要注意做到以下几点。

(1)实验室中所有的剧毒物品应有专人管理并做好贮存、领取、发放情况登记,并向使用者提出必须遵守的操作规程。

(2)使用有毒物品时,应谨慎操作,妥善保管,不许乱放。尽量做到用多少领多少。未用完的有毒药品应及时、如数地交回保管人员。

(3)任何在反应过程中可能生成有毒或有腐蚀性气体的实验,都应在通风柜内进行。通风柜可调玻璃视窗应开至离台面 $10\sim15$ cm,保持通风效果,并保护操作人员胸部以上部位。实验过程中,避免将头伸入调节门内。

(4)有些有毒物品会渗入皮肤,因此在接触有毒物品时,必须戴橡胶手套,操作后应立即洗手。切勿让有毒物品沾及五官或伤口。

(5)实验后的有毒有害化学废弃物必须放在指定容器内,进行妥善而有效的处理,不得随意乱丢。使用后的器皿应及时清洗干净。

1.3.5　实验室危险化学品的使用与保存

分析化学实验室内有各种各样的化学药品,而许多化学药品具有易燃、易爆和有毒等性质。如果在使用和保存过程中稍有不注意,就会发生燃烧、爆炸和中毒事故。因此,如何安全地使用和保存危险化学药品,必须引起高度重视。

危险化学品是指具有毒害、腐蚀、爆炸、燃烧、助燃等性质,对人体、设施、环境具有危害的剧毒化学品和其他化学品。

常见分析化学品类 1:强酸强碱类。

常见分析化学品类 2:易燃易爆类。

常见分析化学品类 3:易制毒类。

常见分析化学品类 4:强氧化-还原类。

实验室危险化学品的使用与保存应注意以下几点。

(1)危险化学品购买前须经学校审批,报公安部门批准或备案后,向具有经营许可资质的单位购买,并保留报批及审批记录。同时,建立购买、验收、使用等台账资料。

(2)危险化学品(不含压缩气体和液化气体)原则上不应超过 100 L 或 100 kg,其中易燃易爆性化学品的存放总量不应超过 50 L 或 50 kg,且单一包装容器不应大于 20 L 或 20 kg(以 50 m² 为标准,存放量以实验室面积比考量)。单个实验装置存在 10 L 以上甲类物质储罐,或 20 L 以上乙类物质储罐,或 50 L 以上丙类物质储罐时,需加装泄露报警器及通风联动装置。

(3)日常实验室化学品管理中,剧毒化学品执行"五双"管理(双人验收、双人保管、双人发货、双把锁、双本账),技术防范措施应符合管制要求。

(4)建立实验室危险化学品动态台账,注明化学品的来源和去向以及库存量;并配有危险化学品安全技术说明书(material safety data sheet,MSDS)或安全周知卡,方便查阅。

(5)储藏室、储藏区、储存柜等应通风、隔热、避光、安全。易泄漏、易挥发的试剂存放设备与地点应保证充足的通风。

(6)化学品有序分类存放,固体液体不混乱放置,互为禁忌的化学品不得混放,试剂不得叠放。有机溶剂储存区应远离热源和火源。装有试剂的试剂瓶不得开口放置。实验台架无挡板不得存放化学试剂。

(7)化学品包装物上应有符合规定的化学品标签,当化学品由原包装物转移或分装到其他包装物内时,转移或分装后的包装物应及时重新粘贴标识。化学品标签脱落、模糊、腐蚀后应及时补上,如不能确认,则按不明废弃化学品处置。

(8)要对化学品的物理性质有所了解,在分析化学实验过程中,不使用破损量筒、试管、移液管等玻璃器皿,以防沾染化学品或划伤。实验后的化学品不得随意丢弃,更不得私自把化学品带出实验室,一旦查知则严肃处理。须按规范收集化学废弃物,待学校相关部门回收处理。定期清理废旧试剂,无累积现象。

1.3.6　实验室安全防护用品的选择与使用

防护用品的基本要求是:①必须严格保证质量,具有足够的防护性能,安全可靠;②防护用品所选用的材料必须符合人体生理要求,不能成为危险因素的来源;③防护用品要使用方便,不能影响工作;④工作服穿戴要"三紧":领口紧、袖口紧、下摆紧。

　　根据不同的使用场所及不同防护要求,选择合适的防护用品,决不能选错或将就使用。因此,必须了解防护用品的性能及正确使用方法;必须牢记使用未起作用的防护用品比不使用防护用品更危险,因为使用者会误以为他已经得到保护而实际却没有。所以,使用前必须严格检查防护用品。熟悉个人防护用品的重要性、掌握不同防护用品的使用需求与方法、掌握防护用品的使用环境和维护方法对减少实验室危险从而保护自己具有重要作用。

　　1. 身体防护用品

　　身体防护用品即通常讲的实验防护服,用来防护实验人员身体免受或减轻机械损伤、化学品灼伤腐蚀、烧伤、烫伤、冻伤、电击、辐射和微波等环境有害因素的伤害。实验防护服提供保护人体部位免受化学品较小危险的最低防护,但是不适用于防护腐蚀物,包括放射性元素处理的所有操作。对于某些危险化学品需备特种用途的外套。防护服分一般防护服和特殊防护服。身体防护用品如图 1 - 2 所示。

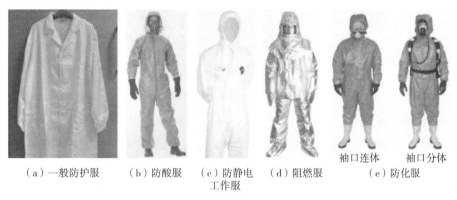

（a）一般防护服　　（b）防酸服　　（c）防静电工作服　　（d）阻燃服　　袖口连体　　袖口分体　（e）防化服

图 1 - 2　身体防护用品

　　(1)一般防护服。一般防护服主要用来防御普通伤害和脏污。

　　(2)特殊防护服。特殊防护服根据环境和场所的不同,可以分为以下几种。

　　① 防爆防护服,可防止人体受到爆炸物的伤害。

　　② 防酸服,可防止酸液对人体造成伤害。防酸服使用前应检查是否破损,并且只能在规定的酸作业环境中作为防护工具使用。穿用时应避免接触锐器,防止防酸服受到机械破损。由橡胶和塑料制成的防酸服存放应注意避免接触高温,用后清洗晾干,避免暴晒,长期保存应撒上滑石粉以防粘连。合成纤维类防酸服不宜用热水洗涤、熨烫,避免接触明火。

　　③ 防护袖套、手臂套和长手套,在处理腐蚀物或剧毒物料时,其对手臂的最低防护在某些情况下可代替实验防护服。

　　④ 防静电工作服,可防止人体受到静电伤害。穿戴防静电工作服时,应与防静电鞋配套使用。防静电工作服禁止在易燃易爆场所穿戴,禁止在防静电工作服上附加或佩戴任何金属物件。防静电工作服应保持清洁,保持防静电性能,使用后用软毛刷和中性洗涤剂刷洗,不可损伤衣料纤维。

　　防静电服需要进行定期检查,若防静电性能不符合标准要求,则不能再以防静电工作服使用。

2. 头部防护用品

安全帽是头部保护最常用的保护工具(图1-3),其防护作用包括防止物体打击伤害、防止高处坠落伤害头部、防止机械性伤害和防止污染毛发伤害。安全帽对使用者头部由坠落物或小型飞溅物体等其他特定因素引起的伤害起防护作用。国家市场监督管理总局、国家标准化管理委员会于2019年12月31日发布了新版安全帽标准《头部防护　安全帽》(GB 2811—2019),并于2020年7月1日开始实施。佩戴安全帽前应检查各配件有无损坏,装配是否牢固,注意安全帽使用期限,一般塑料安全帽使用期限为两年半。

　　(a)安全帽　　　　(b)隔热防护头罩　　　(c)化学品防飞溅头罩

图1-3　头部防护用品

3. 眼部防护用品

防护眼镜和护目镜是常用的眼部防护用品,如图1-4所示。眼部防护用品用于防护物理伤害(如砖块、尖锐利器、沙粒、粉尘、金属或玻璃碎片等对眼睛造成的伤害),化学品的飞溅(如化学品配制和混合时可能的飞溅对眼睛造成的伤害),毒气或蒸气(如各种挥发性强的气体容易形成伤害性雾气,直接危害到眼睛),粉尘飞溅和辐射(如热、光、射线等对眼睛造成的伤害)等可能对眼睛造成伤害的任何操作。

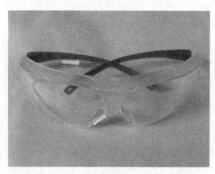 

　　　　(a)防护眼镜　　　　　　　　　　　　(b)护目镜

图1-4　眼部防护用品

洗眼器和紧急冲淋装置是在眼部或身体受到意外伤害后的应急处理设备,如图1-5所示。该装置主要用于操作现场,比如操作介质为酸性腐蚀品或者有毒品等时意外失控与眼睛或身体发生接触,应立即使用该装置进行冲洗或冲淋。

防护眼镜和护目镜使用注意事项:防护眼镜要选用经产品检验机构检验合格的产

（a）单口洗眼器　　　　　（b）双口洗眼器　　　　（c）紧急冲淋装置

图 1-5　洗眼器和紧急冲淋装置

品；防护眼镜的宽窄和大小要适合使用者的脸型；镜片磨损粗糙、镜架损坏会影响操作人员的视力，应及时调换；护目镜要专人专用，防止传染眼病；使用前应检查是否有破损，镜片是否牢固，是否存在棱角或其他会伤害到人的锐利部件，佩戴是否有不舒服感觉，视野是否清晰。

防护镜和护目镜的使用及维护：保持清洁，不要随意搓擦镜片以免刮伤、磨损，用温水清洗再用软布或纸巾吸干，定期用低浓度肥皂水清洗眼镜保护装置。如有磨损、破裂或损坏，则更换。防护眼镜和护目镜应存放在清洁、干燥的地方，保持卫生。

4．面部防护用品

面罩是常用的面部防护用品，可同时结合防护眼镜使用。眼部和脸部是人体中较脆弱的部分，在日常工作中应该注意保护，飞扬的微粒、切片、化学品飞溅物（如料桶在倒进、倒出时产生的飞溅物）对眼部和脸部存在危害。图 1-3（b）和（c）所示头罩在保护头部的同时，对面部防护同样发挥作用。

防护眼镜和面罩的作用：防止飞溅物、碎屑、灰沙伤眼部及面部；防止化学性物品的伤害；防止强光、紫外线和红外线的伤害；防止微波、激光和电离辐射的伤害。针对各种可能对眼部和脸部产生的伤害，根据不同的工作环境使用不同的防护用品。图 1-6 是常见防毒、防尘面罩。

（a）防毒面罩　　　　　　　（b）防尘面罩　　　　　　　（c）防毒、防尘面罩

图 1-6　常见防毒、防尘面罩

5．呼吸防护用品

呼吸防护用品种类较多，目的是阻碍空气中的粉尘、气体、蒸气等污染物对人体产生危害及防止人体缺氧。实验室最常用的是活性炭口罩和防尘口罩，能够满足常规实验操作时的佩戴需求，如图 1-7（a）和（b）所示。当使用具有挥发性的酸、碱试剂或有毒、有害

有机化学品时,需要佩戴防毒防尘面罩、呼吸器类等个体防护装备,以便更有效地预防空气中有害物质对作业人员呼吸系统的危害,如图 1-7(c)和(d)和图 1-8 所示。

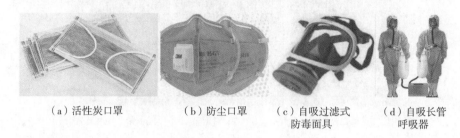

（a）活性炭口罩　　（b）防尘口罩　　（c）自吸过滤式　　（d）自吸长管
　　　　　　　　　　　　　　　　　　　　防毒面具　　　　　呼吸器

图 1-7　呼吸防护用品

图 1-8　正压式空气呼吸器

正压式空气呼吸器是一种自给开放式呼吸器,能帮助工作人员在充满浓烟、毒气、蒸气或缺氧的恶劣环境下安全地进行灭火、抢险救灾和救护工作。

正压式空气呼吸器是使用压缩空气的带气源的呼吸器,它依靠使用者背负的气瓶供给空气。气瓶中高压压缩空气被高压减压阀降为中压,然后通过需求阀进入呼吸面罩,并保持一个可自由呼吸的压力。无论呼吸速度如何,通过需求阀的空气在面罩内始终保持轻微的正压,阻止外部空气进入。

1)呼吸防护用品的使用要求

(1)任何呼吸防护用品均有其使用局限性,使用者在使用前对此局限性应有清楚的了解。

(2)使用呼吸防护用品之前,使用者应仔细阅读使用说明书或接受适当的使用前培训。

(3)使用前应检查呼吸防护用品的完整性、使用性和气密性,符合有关规定才允许使用。

(4)进入有害环境之前,应先戴好呼吸防护用品。对于密合性面罩,应检查佩戴气密性,确保佩戴正确。

(5)有害环境中的作业人员应始终佩戴呼吸防护用品,必要时,可迅速离开有害作业环境,更换新的呼吸防护用品后再进入。

(6)在低温环境中使用的呼吸防护用品,其面罩镜片应具有防雾保明功能。

2)呼吸器的使用与选择

(1)呼吸器使用前需要经过医学检查,确保身体条件不会受到呼吸器的影响。有严重的心血管或肺部疾病者不能使用呼吸器。

(2)呼吸器使用前需要进行密合性测试,确保使用正确尺码的呼吸器。

3)滤盒式呼吸器的使用注意事项

(1)使用区域必须至少含 19.5％的氧气,当污染物的浓度达到即刻危及生命或健康的浓度时,切勿使用。

(2)出现以下情况应立即撤离现场:呼吸变得困难,出现眩晕或其他不适,感到或闻到有污染物,眼睛、鼻子或喉咙感到刺激。

(3)不要改变或改造呼吸器。

(4)滤盒的使用寿命与化学品的浓度和使用频率有关,一般的使用寿命为一年。当化学品滤盒出现闻到气体或蒸气的气味或味道,眼睛、鼻子、喉咙感到刺激,粉尘过滤盒出现吸气或使用时觉得呼吸特别困难时,表明过滤盒已失效,必须及时更换。

(5)最大使用浓度不同。全面罩使用的现场污染物浓度最高可为暴露极限的 100 倍,半面罩使用的现场污染物浓度最高只能为暴露极限的 100 倍。操作刺激性液体或气体时应使用全面罩型,可能发生液体喷溅时应使用全面罩型,或半面罩型加一个面罩。

4)呼吸防护用品的检查与保养

(1)应按使用说明书的要求,对呼吸防护用品定期进行检查和维护。

(2)使用者不得自行拆卸滤毒罐或过滤盒以更换吸剂或滤料。

(3)应按国家相关规定,定期到具有资质的锅炉压力容器监督检验机构检查呼吸器高压气瓶。

5)呼吸防护用品的保管与存储

(1)呼吸防护用品应按规定置于包装或包装袋内,应避免面罩受压变形,滤毒罐应密封存储。

(2)呼吸防护用品应在清洁、干燥、通风良好的房间内储存。

(3)呼吸防护用品不能与油、酸、碱或其他腐蚀性物质一起存放。

(4)应急救援用的呼吸防护用品应处于备用状态,并置于管理、取用方便的地方,放置地点不得随意变更。

6)呼吸防护用品的清洗与消毒

(1)呼吸防护用品使用后,应按使用说明书规定的方法清洗和消毒。

(2)对于过滤式呼吸防护用品,清洗和消毒前应将滤毒罐或过滤盒取下。注意:请勿晒干!

6. 手部防护用品

手,直接关系到作业的成效及人体的安全。手、脚易受到的伤害:机械伤害、刺伤、烧烫伤、冻伤、化学伤害、电击伤害、震动伤害等。防护手套的作用:防止火与高温、低温的伤害,防止电磁与电离辐射的伤害,防止电、化学物质的伤害,防止撞击、切割、擦伤、微生物侵害及感染。手的保护工具主要是手套,根据不同的工作环境及工作类型可选用不同的防护手套。

(1)棉手套:用于一般作业防护。

(2)皮手套:用于一般作业和焊接作业的防护。

(3)橡胶手套:用于耐药、耐油、耐溶剂等作业,以及电工作业。

(4)特殊手套:有防震、耐热、防切割、防寒等特殊作业。

图1-9是一些常用实验室手部防护用品。

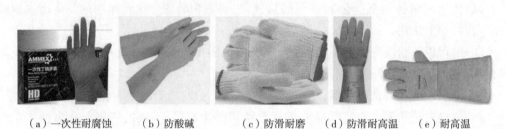

（a）一次性耐腐蚀　　（b）防酸碱　　（c）防滑耐磨　　（d）防滑耐高温　　（e）耐高温

图1-9　一些常用实验室手部防护用品

防护手套使用注意事项:绝缘手套应定期检验电绝缘性能,不符合规定的不能使用;橡胶、塑料等防护手套用后应冲洗干净、晾干,保存时避免高温,并在制品上撒上滑石粉以防粘连;操作旋转机床时禁止戴手套作业。

7.足部防护用品

足部防护用品主要是用来防止任何有危害的行为或环境对脚部带来的伤害。实验室环境涉及较多的安全隐患是各类酸碱化学品的使用和搬运、存放以及实验操作时物品的掉落对足部造成的安全隐患。常用的足部防护用品有耐酸碱鞋(靴)、防静电鞋、防静电鞋套,如图1-10所示。

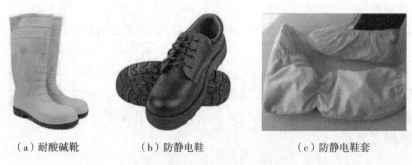

（a）耐酸碱靴　　　　　（b）防静电鞋　　　　　（c）防静电鞋套

图1-10　常用的足部防护用品

耐酸碱鞋(靴)用于酸碱污染场所。防静电鞋用于防止因人体带静电而引起的燃烧、爆炸。

1)防护鞋的作用

(1)防止酸碱性化学品伤害。在作业过程中接触到酸碱性化学品,可能发生足部被酸碱灼伤的事故。

(2)防止由地面积水或溅水的作业引起的足部安全隐患。

(3)防止静电伤害。

2)耐酸碱鞋(靴)的使用和注意事项

(1)耐酸碱鞋(靴)只能用于一般浓度较低的酸碱作业场所,应避免接触高温、锐器以免损伤鞋面或鞋底,引起渗漏,不能浸泡在酸碱液中进行较长时间的作业,以防酸碱溶液渗入皮鞋内腐蚀足部造成伤害。穿用后应用清水冲洗鞋上的酸碱液体,然后晾干,避免日光直接照射或烘干。

(2)耐酸碱塑料靴和胶靴,应避免接触高温、锐器损伤靴面或靴底,影响防护功能。

(3)耐酸碱塑料靴和胶靴穿用后,应用清水冲洗靴上的耐酸碱液体,然后晾干,避免日光直接照射,以防塑料和橡胶老化脆变,影响使用寿命。

8. 噪音防护用品

任何作业场所噪音不应超过 90 dB。若作业场所噪音超过 110 dB 应向安全保卫部和医生咨询。耳塞或耳罩是常用防护用品,其作用是将噪声降至安全水平,保护鼓膜。

9. 实验室安全用品的使用要求

(1)必须按要求佩戴个人防护用品。

(2)领到新的防护用品时,应先对照说明书以确定是否适用(能提供正确的保护)并清楚其正确的使用方法,检查确定是否有破损及其他质量问题,如有问题应及时更换。如果该用具没有说明书,向主管或公安人员确定其正确的使用方法。

(3)使用前进行检查,以确保其能提供有效的保护,否则应及时更换。

(4)在使用过程中如发现防护用品失效,应及时更换。

(5)个人防护用品应妥善保存(应远离有毒物质保存)。

(6)接触过化学药品的废弃防护用品,应用塑料袋封存集中废弃处理。

(7)使用呼吸器的人员在从事需要佩戴呼吸器的工作前,必须进行适应性测试并接受有关使用呼吸器的培训。

10. 实验室安全防护用品的管理

1)实验室安全防护用品的采购

个人防护用品的选择一定要能够达到相应的防护要求,使用者对于环境中存在的危害要有清晰的了解,个人防护用品本身的材料对使用者无伤害,在满足这些前提下,尽量保证穿戴舒适。

2)实验室安全防护用品的存放

实验室安全防护用品不应存储在酸碱环境附近,不要和硬物堆放在一起,不要放置于日晒及 60 ℃以上高温处,要远离热源;受到冲击或破损的安全帽应立即回收报废。

3)实验室安全防护用品的报废处理

制定报废制度。经过取样检测不合格的产品需报废;使用过程中受到损坏、腐蚀或冲击的产品需报废;根据产品使用日期,过期产品需按期报废。

1.3.7　实验室一般伤害的救护

实验室一般伤害的救护方法如下。

(1)割伤。先挑出伤口内的异物,然后在伤口抹上紫药水或撒上消炎粉后用消毒纱布包扎,也可贴上"创可贴",这样能立即止血,且易愈合。

(2)烫伤。可先用稀 $KMnO_4$ 或苦味酸溶液冲洗灼伤处,再在伤口处抹上黄色的苦味酸溶液、烫伤油膏或万花油,切勿用水冲洗,不要把烫出的水泡挑破。

(3)酸腐蚀受伤。先用大量水冲洗,再用饱和碳酸氢钠溶液或稀氨水冲洗,最后再用水冲洗。如果酸溅入眼中,必须用大量水冲洗,持续 15 min,随后立即到医生处检查。

(4)碱腐蚀受伤。先用大量水冲洗,再用 1% 醋酸溶液或硼酸溶液冲洗,最后再用水冲洗。如果碱溅入眼中,则先用硼酸溶液洗,再用水洗,持续 15 min,随后立即到医生处检查。

(5)毒物进入口中。若毒物尚未咽下,应立即吐出,并用水冲洗口腔。如已吞下,应设法促使呕吐,并根据毒物的性质服用解毒剂。

(6)吸入刺激性、有毒气体。吸入氯气、氯化氢气体、溴蒸气时,可吸入少量酒精-乙醚混合蒸气使之解毒。

(7)触电。首先切断电源,必要时进行人工呼吸。

每个实验室里都备有药箱和必要的药品,以备急用。如果伤势严重,应立即去医院就医。如果实验室起火,且火势较大,则应立即报警。

1.4　分析化学实验室用水的规格和制备

分析实验室用于溶解、稀释和配制溶液的水都必须先经过纯化。分析要求不同,对水质纯度的要求也不同,故应根据不同要求采用不同纯化方法制备纯水。

一般实验室用的纯水有蒸馏水、二次蒸馏水、去离子水、无二氧化碳蒸馏水、无氨蒸馏水等。

1.4.1　分析化学实验室用水的规格

根据中华人民共和国国家标准《分析实验室用水规格和试验方法》(GB/T 6682—2008)的规定,分析实验室用水共分三个级别:一级、二级和三级。分析实验室用水的规格应符合表 1-1。

表 1-1　分析实验室用水规格

名　称	一　级	二　级	三　级
pH 范围(25 ℃)	—*	—*	5.0~7.5
电导率 κ(25 ℃)/(mS/m)	≤0.01	≤0.10	≤0.50
可氧化物质含量 ρ(以 O 计)/(mg/L)	—	≤0.08	≤0.4
吸光度 A(254 nm,1 cm 光程)	≤0.001	≤0.01	—
蒸发残渣 ρ_β(105 ℃±2 ℃)含量/(mg/L)	—	≤1.0	≤2.0
可溶性硅 ρ(SiO_2)(以 SiO_2 计)含量/(mg/L)	≤0.01	≤0.02	—

注: * 难以测定,不作规定。

一级水用于有严格要求的分析实验,包括对颗粒有要求的实验,如高效液相色谱用水。一级水可用二级水经过石英设备蒸馏或离子交换混合床处理后,再经 $0.2\ \mu m$ 微孔滤膜过滤来制取。

二级水用于无机痕量分析等实验,如原子吸收光谱分析用水。二级水可用多次蒸馏或离子交换等方法制取。

三级水用于一般化学分析实验。三级水可用蒸馏或离子交换等方法制取。

为保持实验室使用蒸馏水的纯净,蒸馏水瓶要随时加塞,专用虹吸管内外均应保持干净。蒸馏水瓶附近不要存放浓盐酸、浓氨水等易挥发试剂,以防污染。通常用洗瓶取蒸馏水。用洗瓶取水时,不要取出塞子和玻璃管,也不要将蒸馏水瓶上的虹吸管插入洗瓶内。

通常普通蒸馏水保存在玻璃容器中,去离子水保存在聚乙烯塑料容器中,用于痕量分析的高纯水(如二次石英亚沸蒸馏水)需要保存在石英或聚乙烯塑料容器中。

1.4.2　水纯度的检查

按照《分析实验室用水国家标准》(GB/T 6682—2008)规定的实验方法检查水的纯度是法定的水质检查方法。根据各实验室分析任务的要求和特点,对实验室用水也经常采用如下方法进行一些项目的检查。

1. 酸度

要求纯水的 pH 为 6~7。检查方法是在两支试管中各加 10 mL 待测水,一支试管中加 2 滴 0.1% 甲基红指示剂后不显红色;另一支试管加 5 滴 0.1% 溴百里酚蓝指示剂后不显蓝色,即合格。

2. 硫酸根离子

取 2~3 mL 待测水放入试管中,加 2~3 滴 2 mol·L^{-1} 盐酸酸化,再加 1 滴 0.1% 氯化钡溶液,放置 15 h 后无沉淀析出,即合格。

3. 氯离子

取 2~3 mL 待测水放入试管中,加 2 滴 6 mol·L^{-1} 硝酸酸化,再加 1 滴 0.1% 硝酸银溶液,不产生浑浊,即合格。

4. 钙离子

取 2~3 mL 待测水放入试管中,加数滴 6 mol·L^{-1} 氨水使之呈碱性,再加 2 滴饱和乙二酸铵溶液,放置 12 h 后无沉淀析出,即合格。

5. 镁离子

取 2~3 mL 待测水放入试管中,加 1 滴 0.1% 鈦鞥黄及数滴 6 mol·L^{-1} 氢氧化钠溶液,如有淡红色出现,即有镁离子,如呈橙色即合格。

6. 铵离子

取 2~3 mL 待测水放入试管中,加 1~2 滴奈氏试剂,如呈黄色则有铵离子。

7. 游离二氧化碳

取 100 mL 待测水注入锥形瓶中,加 3~4 滴 0.1% 酚酞溶液,如呈淡红色,表示无游离二氧化碳;如为无色,可加 0.1 mol·L^{-1}氢氧化钠溶液至淡红色,1 min 内不消失,即为终点。计算游离二氧化碳的含量。注意,氢氧化钠溶液用量不能超过 0.1 mL。

1.4.3　水纯度分析结果的表示

水纯度的分析结果通常用以下几种方法表示。

(1)毫克/升(mg·L^{-1}):表示每升水中含有某物质的毫克数。

(2)微克/升(μg·L^{-1}):表示每升水中含有某物质的微克数。

(3)硬度:我国采用 1 L 水中含有 10 mg 氧化钙作为硬度的 1 度,这与德国标准一致,所以有时也称为 1 德国度。

1.4.4　各种纯水的制备

1. 蒸馏水

将自来水在蒸馏装置中加热汽化,然后将水蒸气冷凝即可得到蒸馏水。由于杂质离子一般不挥发,因此蒸馏水中所含杂质比自来水少得多,比较纯净,可达到三级水的标准,但还有少量金属离子、二氧化碳等杂质。

2. 二次石英亚沸蒸馏水

为了获得较纯净的蒸馏水,可以进行重蒸馏,并在准备重蒸馏的蒸馏水中加入适当的试剂以抑制某些杂质的挥发。例如,加入甘露醇能抑制硼的挥发;加入碱性高锰酸钾可破坏有机物并防止二氧化碳蒸出。二次蒸馏水一般可达到二级水的指标。第二次蒸馏通常采用石英亚沸蒸馏器,其特点是在液面上方加热,使液面始终处于亚沸状态,可使水蒸气带出的杂质含量减至最低。

3. 去离子水

去离子水是使自来水或普通蒸馏水通过离子树脂交换柱后所得的水。制备时,一般将水依次通过阳离子树脂交换柱、阴离子树脂交换柱、阴阳离子树脂混合交换柱。去离子水纯度比蒸馏水纯度高,质量可达到二级水或一级水的标准,但离子树脂交换柱对非电解质及胶体物质无效,同时会有微量的有机物从树脂中溶出,因此根据需要可将去离子水进行重蒸馏以得到高纯水。

市售离子交换纯水器可用于实验室制备去离子水。

4. 特殊用水的制备

(1)无氨水。每升蒸馏水中加 25 mL 5% 氢氧化钠溶液后,再煮沸 1 h,然后用前述的方法检查有无铵离子;或每升蒸馏水中加 2 mL 浓硫酸,再重蒸馏,即得无氨蒸馏水。

(2)无二氧化碳蒸馏水。煮沸蒸馏水,直至煮去原体积的 1/4 或 1/5,隔离空气,冷却即得。此水应储存于连接碱石灰吸收管的瓶中,其 pH 应为 7。

(3)无氯蒸馏水。将蒸馏水在硬质玻璃蒸馏器中先煮沸,再进行蒸馏,收集中间馏出部分,即得无氯蒸馏水。

第2章 分析化学实验常用仪器操作及管理

2.1 分析化学玻璃仪器

2.1.1 常用玻璃仪器

在分析化学实验过程中,常用到的玻璃仪器有量筒、量杯、烧杯、锥形瓶、胶头滴管、试剂瓶(广口和细口)等。以上均可用于非定量分析过程,其中根据性能玻璃仪器又可以分为可加热玻璃仪器(如烧杯、锥形瓶等)和不可加热玻璃仪器(如量筒、试剂瓶等)。另外还有一些特殊用途的玻璃仪器,如干燥皿(可用于存放药品、保持干燥)及玻璃漏斗(用于过滤)等。图 2-1 中展示了常见的几种玻璃仪器。

烧杯　　　锥形瓶　　　漏斗　　　量筒　　　容量瓶　　　滴瓶

胶头滴管　　　细口试剂瓶　　　广口试剂瓶　　　高形/扁形称量瓶

图 2-1　常见的几种玻璃仪器

1. 滴瓶和细口试剂瓶

滴瓶和细口试剂瓶常用于储存液体试剂,两者均有棕色和无色两种,可根据所存放试剂进行选择(见光易分解的试剂需选择棕色瓶)。瓶口均有磨砂,可以防止液体试剂的渗漏和挥发。

2. 广口试剂瓶和称量瓶

广口试剂瓶和称量瓶用于盛放固体试剂。称量瓶还可以用于固体试剂的称量(具体使用方法见电子天平),其分为高形、扁形两种。它的盖子是配套的,不得丢失或弄乱。

在使用之前,称量瓶应洗净烘干。二者瓶口的磨砂,可以保证密封,防止试剂的泄露和吸潮。

3. 烧杯和锥形瓶

烧杯和锥形瓶可用于在实验中盛放溶液。锥形瓶因为上窄下宽的瓶身特点,更多地被用于滴定实验,能有效防止摇晃振荡过程中内部液体溅出。

4. 量筒和量杯

量筒和量杯均是粗略的计量仪器,仅用于对量取溶液体积的精确度要求不高的实验。两者的使用方法相同,下面就介绍一下量筒的使用方法。

量筒作为量器不能用于物质的溶解,根据所取溶液的体积来选择合适规格的量筒(市售容积从 5 mL 到 2000 mL 不等)。量液时,左手拿量筒略倾斜,右手拿试剂瓶,两个瓶口紧挨着,使试剂缓慢流入。读数据时,应将量筒置于水平桌面上,等待 $1\sim2$ min 待液面稳定后,视线与量筒凹液面最低处在同一水平面,如图 2-2 中乙为正确读数,甲和丙分别为俯视和仰视,均会产生误差,俯视读取体积数偏大,而仰视偏小。

5. 干燥皿

干燥皿又称保干器,由厚玻璃制成,用于存放坩埚或称量瓶,避免吸潮保持干燥。干燥皿最下端容器里盛放适量的干燥剂,实验室内常用蓝色硅胶,若硅胶变粉就需要更换硅胶,更换下来的硅胶可烘干后重复使用。干燥剂上方有白色多孔磁盘,磁盘上方可放置坩埚或者称量瓶。干燥皿盖边的磨砂部位可薄涂一层凡士林,这样可以保证盖子密合不漏气。搬动干燥皿时,两手拇指紧按盖顶,其余四指紧托干燥皿体。打开干燥皿盖时,左手抵住器皿外壁,右手前推或后拉盖子,缓慢平移开盖子(不应完全打开),如图 2-3(a)所示。关闭时同上操作,使其密合,如图 2-3(b)所示。

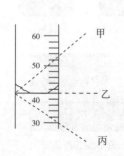

（a）打开干燥皿　　　（b）关闭干燥皿

图 2-2　量筒读数示意图　　　　　　图 2-3　干燥皿的使用

2.1.2　定量分析玻璃仪器

1. 移液管和吸量管

无分度吸管通常称为移液管,是用于准确移取小体积液体的量出容器。它上下两端细长,中部膨大,又称"大肚"移液管。"大肚"上标有该移液管的取液体积和使用温度,在"大肚"上端有一环形刻度,吸取溶液时,液面与此刻度相切时的体积为"大肚"上所标体积。常用移液管的容积有 5 mL、10 mL、15 mL、20 mL、25 mL、50 mL、100 mL 等。

吸量管又称分度吸量管或者刻度移液管。它是上下端均匀的直行玻璃管,管身刻有分刻度线。吸量管可量取所需刻度范围内某一体积的液体,一般量取较小体积的溶液。吸量管在量取溶液时的准确性要低于移液管。常用吸量管的规格有 1 mL、2 mL、5 mL、10 mL 等。移液管和吸量管如图 2-4 所示。

图 2-4　移液管和吸量管

1)使用前准备工作

(1)移液管和吸量管在使用前,要先用自来水清洗,然后用合成洗涤剂清洗。若内壁较脏,可用铬酸洗液洗涤,最后用蒸馏水反复清洗 3～4 次,直至无水珠挂于内壁。洗涤过程中,吸取上述洗液时,吸入移液管球部或者吸量管 1/4 处。然后用右手食指按住管口,玻璃管横放,再松开右手轻转玻璃管。转动玻璃管的同时分别向玻璃管一侧(约 45°)倾斜,使一部分洗液从管口留出,另一部分洗液从尖嘴口流出。整个操作保证了洗液能够充分接触和洗涤移液管和吸量管内壁(用蒸馏水清洗时,可用洗瓶直接对内部进行吹洗,最后再重点吹洗玻璃管尖端外壁)。

(2)洗涤结束,用干燥的滤纸擦拭整个玻璃管外壁以保证无水珠附着。尖口内的水可通过洗耳球吹出,再用干燥滤纸擦拭尖口位置。

(3)移取待测溶液前,需用待吸溶液对移液管和吸量管润洗 3 次,操作方法可参考洗涤方法。

2)移液操作

如图 2-5 所示,用移液管移取溶液时,右手大拇指和中指捏住管口上壁,将管尖口插入液面下方 1～2 cm。过浅会导致移液管空吸,过深移液管外壁会附着较多溶液。移液时,左手拿洗耳球,食指和大拇指于洗耳球上方。大拇指挤压洗耳球后,将挤压后的洗耳球置于移液管上方管口(不能放置在管口上以后再挤压洗耳球,否则容易吹得待取溶液四散溅出)处,大拇指慢慢放松,使溶液缓慢进入移液管。移液的过程中,要注意液面和移液管尖口处的相对位置,随着液面的下降下移管口,两者始终保持 1～2 cm 的距离。待取溶液达到移液管刻度线上方 2～4 cm 处时,快速移开洗耳球,同时右手食指迅速堵住管口位置(不能用大拇堵),保证管内液面静止(移液前,保证右手食指完全干燥,方便将液面调至刻度线位置)。

右手提起移液管,管尖口离开液面后,右手食指轻轻松动,使得管内液面缓慢降至刻度线位置。平视液面,当溶液凹液面与刻度线相切时,右手食指改为紧按管口,以保持液面维持在刻度线位置。最后,将移液管下端位置紧贴取液容器内壁转动两圈,以除去管外壁上的溶液。右手取出移液管,用干燥滤纸擦拭管外壁附着的溶液。左手改持盛放容器略微倾斜 45°(提前准备好,放置在待取溶液旁),移液管紧贴盛放容器的内壁并保持垂直,松开右手食指,待液面下降至管尖口位置,轻轻旋转移液管,10～15 s 后取出移液管。

(a)移液管移取溶液　(b)移液管移液读数　(c)吸量管读数　(d)移液管放液

图 2-5　移液操作

3)注意事项

整个放液过程不能用洗耳球吹气来加速放液。若移液管上没有标明"吹"字,管尖口的残留溶液就不能吹入盛放容器。因为移液管体积校正时,已经扣除了这部分体积。

吸量管和移液管的使用方法一样。唯一的区别就是吸量管上有很多刻度线,它可以移取刻度范围内不同体积的液体,而移液管只能移取一定体积的溶液。移液管和吸量管在使用过程中,应该与待取溶液一一对应,不要串用,避免溶液污染。用完以后将移液管和吸量管清洗干净,放于移液管架上。

2. 酸式滴定管

滴定管是滴定时用来准确测量流出的操作溶液体积的量器。常量分析实验最常用的是容积为 50 mL 的滴定管,管口附近标有体积(50 mL)和使用温度(20 ℃),管体上标有均匀的刻度线,零刻度线在上端管口附近,读数从上往下依次增大,其最小刻度是 0.1 mL,最小刻度间可估读到 0.01 mL,因此,读数可达小数点后第二位,一般读数误差为 0.02 mL。滴定管一般分为两种:一种是具塞滴定管,常称酸式滴定管;另一种是无塞滴定管,常称碱式滴定管。

酸式滴定管(图 2-6)是滴定分析常用的一种玻璃仪器,适用于除强碱溶液以外的其他溶液,如酸性溶液、氧化性溶液等。酸式滴定管下端有一个旋转活塞(多为玻璃和聚四氟乙烯材质,聚四氟乙烯活塞的滴管也可以作为碱式滴定管使用),用于控制管内溶液的滴定速度。

1)检漏

首先检查旋塞转动是否灵活,若有阻塞情况,对于玻璃旋塞可涂抹凡士林;若是聚四氟乙烯活塞,可调节旋塞上的蓝色螺母。酸式滴定管的检漏具体过程如下:关闭旋塞,管体内注满水,垂直夹在滴定管架上,用干燥滤纸擦拭管体外壁(防止外壁挂水流到活塞处),特别是旋塞连接处;转动旋塞 180°;静置 2 min。观察旋塞处是否渗水,同时用干燥滤纸擦拭检查,若滤纸变湿即漏水,反之为不漏。

若漏水,针对玻璃旋塞的滴管,可将滴定管平放于桌面上,取下固定玻璃旋塞的橡皮

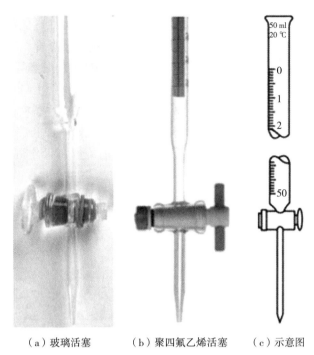

（a）玻璃活塞　　　　（b）聚四氟乙烯活塞　　　（c）示意图

图 2-6　酸式滴定管

圈,然后取出玻璃旋塞,用手蘸取凡士林均匀涂抹在旋塞的大头和小头部分(图 2-7),同时避开旋塞上的小孔。因为在化学实验室内橡皮圈容易被腐蚀失去弹性,无法很好地固定玻璃旋塞,所以现在大部分实验室选择使用聚四氟乙烯的旋塞。一般通过适当旋紧固定旋塞的蓝色螺母就可以防止漏液(不可过于旋紧活塞,否则不利于后期的滴定操作)。

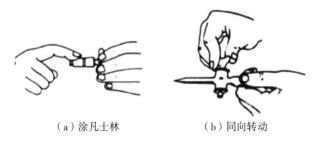

（a）涂凡士林　　　　　　　（b）同向转动

图 2-7　薄涂凡士林

2)清洗

首先用特定软毛刷蘸取合成洗涤剂刷洗,注意铁丝部分不能触碰滴管内壁。若内壁过脏可用铬酸洗液清洗。加入 10 mL 左右铬酸洗液,双手平拿滴管,缓慢转动滴管,转动过程中分别倾斜滴管两端,使洗液分别从滴管两端倒入洗液瓶(与移液管清洗操作一样)。然后用大量自来水充分清洗滴管内壁。最后用蒸馏水清洗。清洗完用干燥滤纸擦拭滴管外壁和尖口位置,吸出尖口内残留的蒸馏水。

3)操作溶液的加入和润洗

加入操作溶液前,应将试剂瓶中的溶液摇匀,将凝结在瓶内壁的水珠混入溶液,这个操作在天气炎热或者室温变化较大时尤为重要。加入操作溶液时,左手大拇指、食指和中指捏住(图2-8)滴管上部无刻度线的位置,右手张开握住细口试剂瓶体,试剂瓶口略微倾斜并紧靠同样略微倾斜的滴管口,将操作溶液缓慢倒入滴管。不可以用漏斗、烧杯等向滴管中加入操作溶液,必须是由试剂瓶直接加入。第一次向滴管内加入15 mL左右的操作溶液,对滴管进行润洗(润洗操作类似清洗操作),从滴管上口处倒出。第二、三次可各取5 mL左右的操作溶液进行润洗,从管口处倒出即可。这里应注意,操作溶液要清洗全管内壁,并且充分接触管壁,就要求平拿滴管转动时间略微长一些,1~2 min即可。每次都要旋开旋塞,放出所有残留的溶液。最后,关闭旋塞将操作溶液加至刻度线上方(方便后面的排气泡操作)。

(a)加液　　　　　　　　(b)润洗(1)　　　　　　　(c)润洗(2)

图2-8　加液和润洗

4)排气泡

准备一个烧杯,右手捏住酸式滴定管上端无刻度线位置,下部尖口对准烧杯,左手旋开活塞,使整个溶液充满滴管(包括旋塞下方)。然后关闭旋塞,观察旋塞上下方管内是否有气泡。因为旋塞孔处暗藏的气泡无法观察到,所以无论是否在旋塞上下方观察到气泡,均要做排气泡操作。依然用右手拿住滴管上端,左手放在旋塞处拖住滴管下方,使整个滴管倾斜约30°,尖口处仍对准烧杯,左手迅速完全打开旋塞,利用滴管内上方溶液的冲击将下方气泡排出滴管,如图2-9所示。

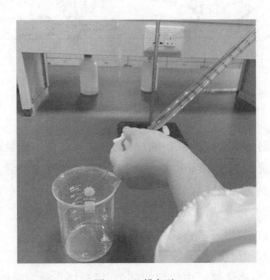

图2-9　排气泡

5）正确读数

读数前,需在溶液加入或放出后等待 1~2 min,保证附着在滴管内壁的溶液流下来,若放液速度较慢(滴定最后阶段,每次加半滴时),等待 0.5~1 min,再进行数据读取。读数时,应用右手将滴管从滴定管架上取下,右手捏住滴管上方无刻度线位置,使滴管垂直地面,然后调整滴管高度,让滴管内液面和视线齐平(图 2-10),读取溶液凹液面对应的刻度,还应估读一位数字,再进行数字记录(这里记录的应该是带两位小数的数字)。为了方便准确读取数字,读数据时可将比色卡置于滴定管背后。对于透明的玻璃滴管,可将黑色比色卡放置在滴管液面下方约 1 mm 处,弯月面会反射出黑色凹液面切线。对于深色溶液可采用白色比色卡。

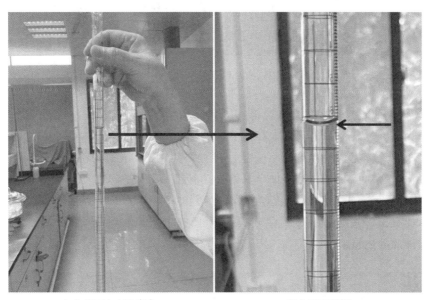

（a）液面上方垂直拿　　　　　　　　（b）凹面相切

图 2-10　正确读数

6）滴定操作

进行滴定操作前,应将滴管内部溶液调到零刻度位置,然后将酸式滴定管架在滴定管架上。滴定操作如图 2-11 所示,左手绕到旋塞后部位置,无名指和小拇指向手心弯曲,轻贴在出口管。食指和中指从旋塞后方分别托住旋钮上、下端,大拇指置于旋钮前方协同食指和中指旋转活塞。右手大拇指、中指和食指轻捏住锥形瓶瓶颈处。左手轻转旋塞使溶液通过出口逐滴滴入锥形瓶中,与此同时右手运用腕力摇晃锥形瓶(沿同一方向做圆周运动),促使锥形瓶内溶液混合均匀,反应及时完全。特殊情况需要在烧杯中进行滴定操作时,应将烧杯置于滴管下方合适的位置,左手控制滴定管,右手持玻璃棒,随着滴定的进行,缓慢搅拌烧杯中的溶液,促使溶液混合均匀和充分反应。

7）滴定操作注意事项

(1)滴定时,滴管尖端以稍微进入瓶口为宜,不能触碰到锥形瓶内壁,同时左手不能离开旋塞任其自流。

(2)滴定时要时刻观察锥形瓶内溶液颜色的变化。

（a）锥形瓶滴定　　　　　　　　　　（b）烧杯滴定

图 2-11　滴定操作

　　（3）在整个滴定过程中要边滴边摇，开始时滴定速度可稍快，但不能使溶液呈直线滴下，而是能看到水滴。有的实验（如高锰酸钾的标定）在开始时，就必须慢速，滴下一滴后等摇晃使瓶内反应完全后才可滴下一滴。接近终点时，应该加一滴后，摇晃多次观察瓶内颜色变化，然后再滴。最后，每加半滴就要摇晃锥形瓶，直至瓶内溶液颜色出现明显变化且30 s内不褪色，即可结束滴定。半滴滴定操作如图 2-12 所示，左手缓慢转动旋塞，待溶液悬挂在出口尖嘴上形成半滴时，用锥形瓶内壁轻触尖嘴处，然后用洗瓶挤出少量蒸馏水吹洗此处内壁。

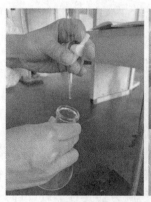

（a）一滴溶液挂尖口　　　（b）锥形瓶内壁靠尖口液滴　　　（c）洗瓶吹洗内壁

图 2-12　半滴滴定操作

　　（4）每次滴定都应从零刻度或附近的某一固定刻度（不应超过 1.00 mL）开始，有利于减少仪器误差。

　　（5）滴定时，可在锥形瓶下方放置一张白纸，方便对终点颜色的观察。

　　3. 碱式滴定管

　　碱式滴定管的上端和酸式滴定管相同，管口附近标有滴管容积和使用温度，下方是零刻度线,数值从上到下依次增大。最下端连接的是乳胶管,管内有一玻璃珠(起到活塞的作用,控制溶液流出),乳胶管的下端又连有一个尖嘴玻璃管,如图 2-13 所示。碱式滴定管可用于盛放碱性和无氧化性溶液,凡是能与橡皮发生反应的溶液(如酸、氧化剂)等都不能装入。而以聚四氟乙烯为旋塞的酸式滴定管则适用于酸、碱及氧化性溶液的滴定。

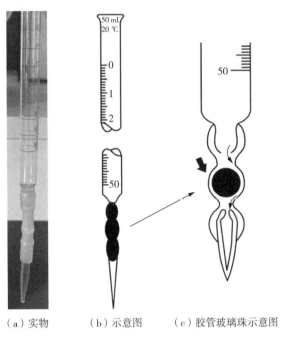

（a）实物　　　　（b）示意图　　　（c）胶管玻璃珠示意图

图 2-13　碱式滴定管

碱式滴定管在滴定操作前,同样有检漏、清洗、加液、润洗、排气泡和调零等操作。这些操作基本与酸式滴定管的操作相同(可参考酸式滴定管的以上操作)。下面介绍两者不同的操作,主要是检漏和排气泡。

1)检漏

首先是检查碱式滴定管的乳胶管和玻璃珠是否完好。若乳胶头老化就要及时更换,玻璃珠大小不合适、引起操作不便时也要及时替换。检查完后,将碱式滴定管内加入至少 2/3 的自来水,左手大拇指和食指向一侧挤压乳胶管玻璃球,使得玻璃球与乳胶管之间出现缝隙,从而上部溶液就可以流出充满整个乳胶管及其下方尖嘴玻璃管。然后用干燥滤纸擦拭整个滴管外壁,特别是乳胶头和上下两端的连接处。最后将滴管置于滴定架上静置 2 min,再用干燥滤纸擦拭乳胶头与上部滴管和下部尖嘴玻璃管连接处。若滤纸干燥则不漏水,反之则要更换乳胶管。

2)排气泡

图 2-14 为碱式滴定管排气泡示意图。首先将操作溶液加满整个滴管,并垂直夹于滴定管架上。然后用左手大拇指和食指拿住玻璃珠所在部位并使乳胶管向上弯曲,出口管(尖嘴玻璃管)斜向上,向玻璃珠一侧挤压乳胶管,使溶液从管口喷出(右手可持烧杯用于接住出口管排出的溶液)。待乳胶管垂直放下后,再松开挤压玻璃珠的大拇指和食指,否则出口管仍会出现气泡。最后,将滴管外壁擦拭干净。

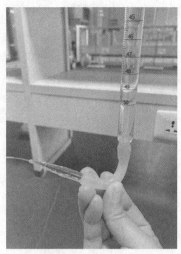
（a）乳胶管倾斜约30°排气泡

（b）快速垂直放下液体

图2-14 碱式滴定管排气泡示意图

3）滴定操作

左手无名指及小拇指协助固定乳胶头玻璃尖嘴（防止玻璃尖嘴触碰锥形瓶壁），大拇指与食指在玻璃珠所在部位往一旁（左右均可）捏乳胶管，使溶液从玻璃珠旁空隙处流出。右手大拇指和食指捏住锥形瓶瓶颈，在溶液滴下的过程中，不断摇晃锥形瓶（图2-15）。

（a）碱式滴定操作

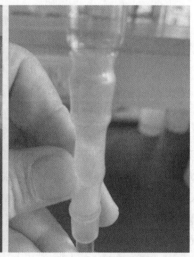
（b）向一侧挤压玻璃珠

图2-15 滴定操作

注意：不要用力捏玻璃珠，也不能使玻璃珠上下移动；不要捏到玻璃珠下部的乳胶管；停止加液时，应先松开大拇指和食指，最后才松开无名指与小拇指。

碱式滴定管的滴定注意事项可参考酸式滴定管。待需要进行半滴滴定操作时，左手轻轻挤压玻璃珠一侧乳胶管，待半滴溶液挂于玻璃尖嘴口时，将悬挂的半滴溶液沾在锥形瓶内壁上,再用洗瓶挤出少量蒸馏水吹洗锥形瓶内壁,将所沾的溶液吹入锥形瓶下方溶液,具体操作可参考图 2－16。

（a）一滴溶液挂尖口　　　（b）锥形瓶内壁靠尖口液滴　　　（c）洗瓶吹出内壁

图 2－16　半滴滴定操作

4. 容量瓶

容量瓶是一种细颈梨形的平底瓶,具有磨口玻璃塞。梨形瓶身上标有容量和温度,颈上标有刻度线。在指定的温度下,当加入溶液至瓶颈刻度线时,瓶内溶液的体积就等于瓶身上标示的容量。常见的容量瓶容积有 10 mL、25 mL、50 mL、100 mL、250 mL、500 mL、1000 mL 等规格。容量瓶主要用于把精密称量的物质准确地配成一定容积的溶液,或将准确容积的浓溶液稀释成准确容积的稀溶液,这个过程通常称为"定容"。

1)容量瓶的检漏

容量瓶使用前,需要检查是否漏水。在容量瓶中装满自来水至刻度线附近,盖上瓶塞。用干燥滤纸擦拭容量瓶外壁,特别是瓶塞处。一手拿瓶颈标线以上的部位,用食指按住瓶塞。另一只手五指张开指端拖住瓶底边缘,倒立 1 min 后拿正,用滤纸擦拭瓶塞处,若滤纸干燥则不漏水。然后再一次倒立静置 1 min,若不漏水即可使用。若发现漏水,取下旋塞薄涂凡士林。

2)容量瓶的洗涤

若容量瓶较脏,可先用洗液洗涤(250 mL 容量瓶加 10～20 mL 洗液即可),倾斜转动瓶身,使洗液充分接触整个瓶身内壁,再缓慢倒出洗液。然后用大量自来水洗 3 次,最后用蒸馏水洗 3 次,根据容量瓶的容量加蒸馏水。250 mL 的容量瓶第一次加蒸馏水 50 mL,第二、三次可加约 30 mL 蒸馏水。

3)用容量瓶配制标准溶液

用容量瓶配制溶液时,先将称好的固体试剂在烧杯中完全溶解,待溶解完全后再转移至容量瓶中(若固体试剂溶解时,需要加热溶解,溶液冷却至室温后才能转移)。定量转移时,将玻璃棒下端抵在容量瓶瓶口下 1～2 cm 的内壁上,玻璃棒上端立于瓶口中心处(不要碰到瓶壁)。烧杯尖口处紧贴在玻璃棒上,缓慢倾倒烧杯,使烧杯中溶液由尖口处流出,经过玻璃棒缓慢流入瓶内,如图 2－17(a)所示。

溶液转移完后,将烧杯和玻璃棒稍微向上提起,同时烧杯直立,使附在玻璃棒、烧杯嘴之间的液滴回到烧杯中。将玻璃棒放入烧杯中(玻璃棒不能随意放在桌面上)。用洗瓶反复吹洗玻璃棒和烧杯内壁（最少 3 次），再将烧杯里的溶液按上述操作转移到容量瓶中，溶液配制以及洗涤烧杯和玻璃棒的总用水量应低于容量瓶额定容量。完成定量转移后，可以用洗瓶向容量瓶中加入蒸馏水，当加水至容量瓶的 2/3 时，用右手大拇指、食指和中指捏住容量瓶瓶口处，将容量瓶拿起，左手五指张开托住瓶底，水平方向旋转几周，使瓶内溶液混合均匀（注意：不能加盖瓶塞，更不能倒转）。继续加水至标线约 1 cm 的位置停下，改用玻璃滴管向瓶中滴加蒸馏水定容，这时可以将容量瓶放置在水平桌面上或者左手单手拎起容量瓶，然后保持视线与凹液面相平，当凹液面与标线相切时完成定容，如图 2 - 17(b)和(c)所示。盖紧旋塞，右手食指按住旋塞上部，其余四指拿住标线上方瓶颈处，左手五指张开托住瓶底，倒置容量瓶使瓶中气泡上升，并摇晃振荡容量瓶，再正立向上略提起旋塞，使得旋塞部分溶液流入瓶内，如图 2 - 18 所示。如上操作 3 次，使得瓶内溶液完全混合均匀，完成标准溶液的配制。

（a）溶液的转移　　　　　　（b）加液　　　　　　　（c）定容

图 2 - 17　溶液的转移和定容

 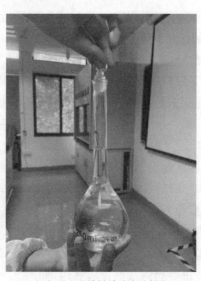

（a）倒置容量瓶摇匀　　　　　（b）正立后旋转玻璃塞略提起

图 2 - 18　溶液混合摇匀操作

　　配制好的溶液如果需要保存,不能长期放在容量瓶中,可将其转移到试剂瓶中,转移前要用配制好的溶液润洗试剂瓶(至少 3 次)。容量瓶用完后,应立即用水冲洗干净,若长期不用,应将磨口处洗净擦干,并用纸片将磨口隔开。

2.1.3　容量仪器的校准

　　分析化学实验主要用于定量分析,其实验中使用的移液管、容量瓶、滴定管等均为定量分析仪器。它们的准确度直接决定了定量分析结果的准确度,目前我国生产的定量分析玻璃仪器的准确度基本可以满足一般的分析测试要求。但是一些不合格的产品、使用时温度的变化及试剂的腐蚀等导致这些定量器皿的实际容量与所标示的容量存在一定的偏差,有时甚至会超过定量分析允许的误差范围,如果不进行校准就会引起分析结果的系统误差。在对定量分析结果准确度要求很高的情况下,就需要对所用的定量分析器皿进行校准。

　　当前常用的校准方法有相对校准法和绝对校准法。相对校准法相对简单、易操作,但必须两件容器配套使用才有意义。比如经常利用容量瓶配制溶液,用移液管移出其中一部分进行测定,最后的分析结果不需要知道容量瓶和移液管的准确容量,只需要知道两者的容量比是否为准确的整数,即要求两者的容量之间有一定的比例关系,此时就可以采用相对校准法。

　　绝对校准法又称为称量法,指在校准室内温度波动小于 1 ℃/h,所用的定量分析玻璃器皿和水处于同一室温时,用分析天平称出器皿所量入或量出纯水的质量,然后根据该温度下水的准确密度,利用水的质量算出该温度下器皿的容积。我们知道,1 mL 的水在 3.98 ℃ 下的真空中质量为 1.000 g。但是实际测量水的质量是在室温和空气中进行的,因此称量结果要对以下三点进行校正:①校准温度下水的密度;②校准温度下玻璃的膨胀系数;③空气浮力对所称物的影响。为了便于计算,将这三项校正值合并得到一个总表(表 2-1),表中的数据表示在不同温度下用水充满 20 ℃ 时容积为 1 L 的玻璃容器,在空气中用黄铜砝码称取水的质量。校正后的容积指的就是 20 ℃ 时该容器的真实容积。

表 2-1　不同温度下水的密度

温度/℃	10	11	12	13	14	15	16
密度/(g·L⁻¹)	998.39	998.32	998.23	998.14	998.04	997.93	997.80
温度/℃	17	18	19	20	21	22	23
密度/(g·L⁻¹)	997.66	997.51	997.35	997.18	997.00	996.80	996.60
温度/℃	24	25	26	27	28	29	30
密度/(g·L⁻¹)	996.38	996.17	995.93	995.69	995.44	995.18	994.91
温度/℃	31	32	33	34	35	36	37
密度/(g·L⁻¹)	994.64	994.34	994.06	993.75	993.45	993.12	993.80

利用表 2-1 可以很简便地获得容器的真实容积。例如，在 25 ℃时，称得从移液管中放出的纯水的质量为 m，从表 2-1 中查出该温度下的水的密度 ρ，可得出移液管的实际容量为 $V=m/\rho$。

称量法可在实验前对所需要的定量分析玻璃器皿——进行校准。下面就给出常用的定量分析仪器的具体校准方法。

1. 滴定管的校准

将 50 mL 滴管洗净，装入已测温度的纯水，排出旋塞处气泡并将凹液面调至零刻度线。另外准备一个干净的磨口锥形瓶并称出空瓶质量 m_1。按滴定时常用的速度（3 秒每滴）将一定体积的纯水滴入锥形瓶中，盖紧瓶塞，称取质量 m_2，m_1-m_2 为一定体积水的质量，那么这部分水的体积 $V=(m_1-m_2)/\rho$。ρ 是对应温度下纯水的密度，可从表 2-1 中查找。这里的 V 即对应滴管相应部分真实容积。

每次校准都要从零刻度开始，这样就可以校准任一量程的滴管容积。按照上述方法，可以对滴定管常用的量程 0.00～10.00、0.00～15.00、0.00～20.00、0.00～25.00、0.00～30.00、0.00～35.00、0.00～40.00 进行校准，然后绘制以滴管读数为横坐标，校准体积为纵坐标的校正曲线，方便使用时随时查阅（每一个量程容积的校准可重复 2 次，两次校准值相差不超过 0.02 mL，对结果求平均值）。

2. 容量瓶的校准

将洗净、干燥的容量瓶放在分析天平上称重，得质量为 m_1，然后加入已测温度的纯水至刻度线，再对加满水的容量瓶称重得质量为 m_2。于表 2-1 中查出该温度下纯水的密度，进而得到容量瓶的真实容积 $V=(m_1-m_2)/\rho$。可重复测试 3 次得出平均值。

3. 移液管的校准

移液管的校准可参考滴定管的校准。测出从移液管放出水的质量，计算出它的真实容积，重复一次，2 次校准值不超过 2 mL。

利用称量法对定量分析器皿进行校准时，要注意以下事项：

（1）称量时精准到 0.01 g；

（2）最好始终使用同一个容器，并尽量减少放空次数；

（3）所用纯水应提前放在天平室内，使其与天平室温度达到平衡；

（4）待校准的玻璃仪器应预先洗净沥干，外壁和瓶口旋塞等处不可有水，应用滤纸仔细擦拭；从滴管向容器中放水时不要沾湿瓶口，也不要溅出。

2.1.4　玻璃仪器的洗涤与干燥

1. 玻璃仪器的洗涤

在定量分析实验中，所用的玻璃仪器在使用前必须洁净透明，内外壁能被水均匀润湿且不挂水珠。若所用容器存在脏污，不仅影响测量体积的准确度，甚至还会引入杂质影响滴定终点显示。因此，这些玻璃器皿在使用前必须做好实验前的准备工作，认真做好玻璃仪器的清洗工作。玻璃仪器的清洗方法有多种，根据实验的要求、污物的性质及脏污程度来选择合适的清洗方法。

1)用水刷洗

对于表面和内部没有明显脏污的玻璃器皿,可直接用自来水和毛刷刷洗容器上附着的灰尘和水溶物。这里的毛刷不能用旧的秃头毛刷,因此毛刷要定期更换。另外,刷洗时不能用力过猛,否则会弄碎玻璃器皿,甚至划伤手。

2)用合成洗涤剂洗

合成洗涤剂主要是洗衣粉和洗洁精。市售的餐具洗涤剂是以非离子表面活性剂为主要成分的洗液,主要适用于洗涤被油脂或某些有机物沾污的器皿。可配成 $1\% \sim 2\%$ 的合成洗涤剂水溶液刷洗,也可将滴管、吸量管等玻璃仪器浸泡在温热的洗衣粉水中去污或者在超声波清洗机内清洗数分钟效果更佳。

3)用去污粉洗

去污粉主要由碳酸钠、白土、细沙等组成,与肥皂合成洗涤剂一样,能去除油污和一些有机物。去污粉中细沙的摩擦和白土的吸附作用,使得洗涤效果更好。洗涤时,可先用少量水润湿容器,再用毛刷沾上去污粉洗刷玻璃器皿内外壁,最后用自来水冲洗。

4)用铬酸洗液洗

铬酸洗液是实验室最常用的一种强氧化性洗液,是由重铬酸钾与浓硫酸按一定比例混合形成的洗液,配制方法较为简单,但在配制过程中会产生大量的热,并有迸溅的危险,所以配制的时候要特别注意。一般先将重铬酸钾磨成细粉备用,加水溶解(必要时可加热促使溶解),然后不停搅拌并缓慢加入浓硫酸。常用的配方是将 20 g 重铬酸钾粉末溶入 40 mL 水中,再缓慢加入 360 mL 的浓硫酸。

5)用盐酸-乙醇溶液洗

由化学纯的盐酸和乙醇以体积比 1∶2 混合形成的洗液,多用于洗涤被有色物污染的比色皿、容量瓶和移液管等。

6)用草酸洗液洗

$5 \sim 10$ g 草酸溶于 100 mL 水中,加入少量浓硫酸得到的洗液可用于洗涤高锰酸钾溶液使用后产生的二氧化锰,必要时可加热。

7)用碘-碘化钾溶液洗

1 g 碘和 2 g 碘化钾溶于 100 mL 水中得到的洗液可用于去除使用硝酸银和硝酸钾后留下的污渍。

2. 玻璃仪器的干燥

玻璃仪器的干燥可采用加热和不加热两种方式。

加热的方式:①烘干。将洗净的玻璃容器平放于恒温烘箱内。②烤干。烧杯或蒸发皿等可置于石棉网上用火烤干。

不加热的方式:①吹干。可用吹风机将容器吹干。②晾干。洗净的容器可倒置放在实验柜内或容器架上自行晾干。③有机溶剂干燥。对于有些玻璃仪器可在清洗干净后,加入少量酒精并充分接触容器内壁,帮助水分快速挥发。对于带有刻度的玻璃量器,不能直接用加热的方式进行干燥,因为玻璃的热胀冷缩会导致容器的精密度降低,甚至在骤冷骤热下碎裂。

2.2　分析天平和称量

　　分析天平是分析化学实验操作常用的精密称量仪器。在很多定量分析实验称取质量的步骤中都会用到分析天平。因此,我们必须了解并掌握分析天平的原理、结构和它的使用方法。目前常见的分析天平如图 2-19 所示,主要分为以下三类。

（a）半自动电光分析天平　　　　　（b）托盘天平　　　　　（c）电子称或　　（d）电子分析
　　　　　　　　　　　　　　　　　　　　　　　　　　　　　电子天平　　　　天平

图 2-19　分析天平

　　1. 半自动电光分析天平

　　半自动电光分析天平是根据杠杆原理设计而成的一种较为精密的分析天平,称取药品质量可以精准到 0.0001 g。调节 1 g 以上质量时用砝码,10～990 mg 用圈码,小数位数字必须从光标处读出。在使用前首先要检查圈码是否脱落,位置是否正确,再开机预热30 min。整个称量过程,必须轻拿轻放,防止圈码或横梁脱落。因为整个称量过程相对烦琐,称量过程中仪器要经常调节,因此目前很多实验室已经不再使用半自动电光分析天平。

　　2. 托盘天平

　　托盘天平同样是采用了杠杆原理设计而成的分析天平,只是它的精密度不高,常用于粗测物体质量,一般只能精准到 0.1 g。在使用前,通过调节调平螺丝(位于两个托盘下方)来调零。调节 1 g 以上质量时用砝码,1 g 以下用游码。

　　3. 电子分析天平

　　电子分析天平是目前新一代的分析天平,精密度高(可精准到 0.0001 g),操作极为简便。它采用了电磁力平衡原理,整个称量过程不需要砝码,放上被测物质后,几秒钟即可达到平衡,并且直接显示读数。它的支撑点不同于以上两种分析天平,它以弹簧片替代了机械天平的玛瑙刀口,用差动变压器取代升降框装置,用数字化显示代替指针刻度。因此电子分析天平具有体积小、测量速度快、性能稳定、寿命长、操作简便和灵敏度高等特点。另外,电子分析天平还能够自动校零、自动去皮及自动输出电信号等功能,同时还可以与打印机、计算机等联用。因此,电子分析天平的应用更为广泛。

2.2.1　托盘天平的结构和使用

　　如图 2-20 所示,托盘天平主要由左右托盘、刻度尺、标尺、指针、游码和调零螺母组成,另外还有用于称量的砝码。

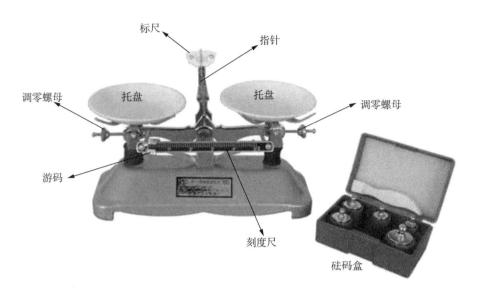

图 2-20　托盘天平的结构

托盘天平使用前,应将其放在水平台面上保持平衡,这样在测量过程中才不会有误差。利用托盘下方的调零螺母将指针调至标尺中间零点刻度,或者指针左右摇摆幅度相同即可。若天平左高右低,表明左边轻右边重,这时就要将两边螺母向左平移;若天平左低右高,表明左边重右边轻,这时要将两边螺母向右边平移。在称量物体,要根据"左物右码"的原则,将物体放在左边托盘,砝码放在右边托盘。添加 10 g 以下的砝码时,可通过游码在刻度尺上右移实现,当移至指针左右摇摆幅度相同或者指针指在标尺中间位置时停下,记下砝码在刻度尺上左侧的读数。右边托盘上砝码的总克数加上游码的读数就是待测物的质量。

称量时注意事项:①称量物和砝码不能直接放在托盘上,性能稳定、无腐蚀性的物质可放在称量纸上(两边托盘均要放称量纸),腐蚀性的物质需放在烧杯中称量;②不能称热的物质;③称完后,要将砝码放回砝码盒,游码移回零点,并保持天平的整洁。

2.2.2　电子分析天平的结构和使用

电子分析天平的结构如图 2-21 所示,主要由天窗、天平左门、天平右门、秤盘和下部的控制面板组成。称量时,天窗使用较少,一般都是闭合状态。取放物品时一般打开右侧门。控制面板又包括显示屏和开关、置零、去皮、校准等按键。其中置零和去皮键使用较多,均用于不同情况的调零,最后称取质

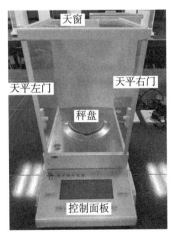

图 2-21　电子分析天平的结构

量可以在显示屏上读出。

1. 电子分析天平称量前准备

(1)拿下天平罩,整齐叠放后放在天平一侧。检查秤盘是否干净,若发现灰尘或残留试剂粉末,可用软毛刷轻轻拂去。

(2)检查天平是否处于水平位置。观察位于天平称量箱内前方(或天平后部)的水平仪,若水平仪内的水准泡处于圆环内,则天平处于水平状态。否则调节地脚的螺栓(天平后下方)使水准泡处于圆环内,左旋升高,右旋下降(水准泡在圆环的哪一侧,哪一侧就偏高)。调整水准泡的步骤:将水准泡调整到圆环的中央线位置,可根据水准泡偏向哪侧,哪侧就高,单独旋转左或右的地脚螺栓;当水准泡位于圆环中央线位置后,左右两手同时顺时针或逆时针旋转两个地脚螺栓且幅度一致,就可以在天平倾斜度不变的情况下,使水准泡沿着中央线平移至圆环中央。

(3)预热。天平在初次接通电源或长时间断电后开机,至少需要 30 min 的预热时间。

2. 电子分析天平的称量步骤

(1)待天平预热后,天平显示屏上显示出稳定的“0.0000 g”数字时,就可以测量了。

(2)打开天平右侧门,将称量瓶(或称量纸)放入称量盘中央位置,关上天平门,待显示屏上数字稳定后记录显示数据。如果需要“去皮”称量,则按下“去皮”或“TARE”键,使其显示为“0.0000 g”。

(3)按照相应的称量方法称量(可参考下文电子天平的称量方法)。

(4)完成称量后,取出待测物,用软毛刷轻扫秤盘及其四周,将撒落的药品扫出称量箱。然后关上所有天平门,按下开关键关闭天平,切断电源罩上天平罩。最后在天平使用记录上登记使用日期及使用人等信息。

3. 电子分析天平称量方法

(1)直接称量法。用于称量洁净、干燥、不易潮解或升华的固体试样。打开天平侧门,直接将被测物小心放于秤盘中央位置,再关闭天平门,然后等显示读数稳定后读数。

(2)增量法。可用于称量某一固定质量的试剂或试样。称量固体时,先将正方形称量纸四边略微向里折成容器状(防止试剂颗粒或粉末撒出),然后放在称量盘中央位置,关上天平侧门。按“去皮”键,待显示数字稳定在“0.0000 g”后,打开天平侧门,用药匙将固体放在称量纸上,再关上天平侧门,待读数稳定后读取数据。若称量稳定不易挥发的液体可采用干燥的玻璃容器替换称量纸。

(3)差量法。用于称量一定范围内的样品和试剂。差量法主要适用于易挥发、易吸水和易与二氧化碳反应的物质。戴上干净的白色手套从干燥器里取出称量瓶,如图 2-22(a)所示,或者用干燥、洁净的纸条包住称量瓶瓶身,然后从干燥器中取出(不能用手直接拿称量瓶)。将称量瓶置于秤盘上称量,待显示数据稳定后记下读数 m_0(一定要记录显示屏上显示的所有数字)。左手取出称量瓶,若戴有手套,右手可直接取下称量盖(若未戴手套则同样用干净的纸条包住瓶盖,不可用手直接拿)上方,在玻璃容器上方(烧杯或锥形瓶),左手倾斜称量瓶,使其口对准玻璃容器口,右手拿称量盖轻敲称量瓶瓶口,使瓶内药品缓慢倒入下方玻璃容器内,如图 2-22(b)和(c)所示。再一次称量称量瓶[图 2-22(d)],记录读数 m_1,$\Delta m = m_0 - m_1$,这里的 Δm 就是倒入玻璃容器内药品的质量,如果它在要求的称量范围内,就可以停止称量;如果低于要求的称量范围则重复上面的操作;如果高于要求的称量范围,则需要倒掉玻璃容器内的试剂,清洗后再重新称量。

　　(a)取称量瓶　　　(b)称量瓶初始重量称量　　(c)敲击方式取样　　(d)称量取样后的称量瓶

图 2-22　差量法称量

4. 电子分析天平使用注意事项

(1)了解电子分析天平的最大负载,不能过载使用。否则容易损坏电子分析天平或导致重力传感器的性能发生变化,引起称量误差。

(2)称量箱内保持清洁、干燥,定期更换干燥剂(变色硅胶呈粉红色时就要更换),不能将洗后潮湿的玻璃容器直接放于称量盘上称量。

(3)称量过程中养成随手关闭天平门的习惯,特别是读取数据时要保证所有天平门关闭。

(4)称量完毕后,拿出称量瓶随手放回干燥器中,不能将称量瓶遗留在称量盘上。

2.3　常用分析仪器简介

2.3.1　酸度-电位计

1. 测量原理

酸度计是由 pH 玻璃电极(指示电极)、甘汞电极(参比电极)和被测溶液组成的一个化学电池(图 2-23),由酸度计在零电流的条件下测量该化学电池的电动势。根据 pH 使用定义:

$$pH_x = pH_s + \frac{E_x - E_s}{0.0592}$$

式中,pH_x 和 E_x 分别为被测试样的酸度值和测得的电动势,pH_s 和 E_s 为标准缓冲溶液的酸度值和测得的电动势。由此可见,pH 的测定是相对的,每次测量均需要与缓冲溶液进行对比。因此,在校准时,应选择与被测溶液酸度值接近的标准缓冲溶液,以减少测定过程中由残余液接电位引起的误差。目前,由玻璃电极和甘汞电极组合在一起的复合 pH 玻璃电极的使用,使得溶液的 pH 测定更加便捷。

酸度计(图 2-24),其实为精密电子伏特计,它还可以用于直接测定其他指示电极

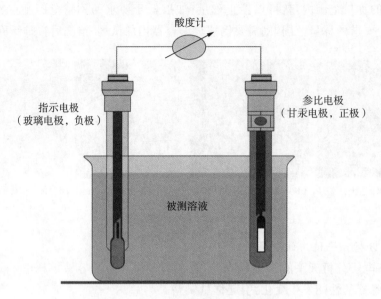

图 2-23　化学电池

（如氟离子选择电极）相对参比电极的电位，通过电位与被测离子活度的特斯拉关系，用一定的校准方法求得被测离子的浓度。

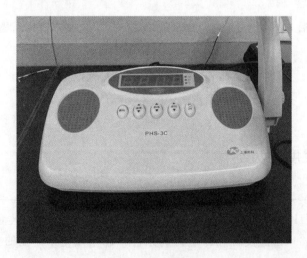

图 2-24　酸度计

2. 电极使用简介

1）参比电极

参比电极是用于测量指示电极电位的电极。对参比电极的要求是电位已知、恒定，重现性好，温度系数小，有电流通过时极化电位和机械扰动小。在电位分析法中，常用甘汞电极作为参比电极，市面上雷磁的甘汞电极实物及内部结构如图 2-25 所示。甘汞电极有两个玻璃管，内套管封接一根铂电极，铂丝插入厚度 5~10 mm 的纯汞中，下层装有一层汞及氯化汞的糊状物组成内部电极；外套管装有氯化钾（KCl）溶液，电极下端与被测溶液接触的是熔接陶瓷芯或玻璃芯多孔材料。甘汞电极电位主要取决于外管内氯离子的浓度。当氯离子浓度恒定时,电极电位也是不变的,与被测溶液的 pH 值无关。

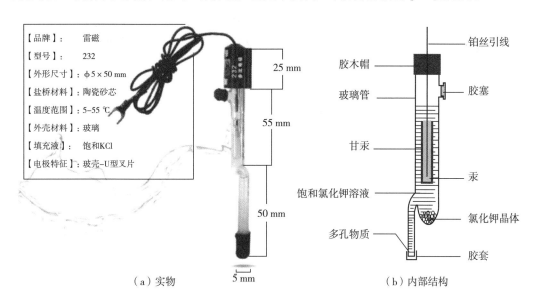

【品牌】：	雷磁
【型号】：	232
【外形尺寸】：	φ5×50 mm
【盐桥材料】：	陶瓷砂芯
【温度范围】：	5~55 ℃
【外壳材料】：	玻璃
【填充液】：	饱和 KCl
【电极特征】：	玻壳–U型叉片

（a）实物　　　　　　　　　　（b）内部结构

图 2-25　市面上雷磁的甘汞电极实物及内部结构

表 2-2 列出了 25 ℃下不同浓度氯离子溶液的甘汞电极对应的电极电位。

表 2-2　25 ℃下不同浓度氯离子溶液的甘汞电极对应的电极电位

氯化钾溶液浓度/(mol·L^{-1})	0.1	1	饱和
甘汞电极电位/V	+0.3365	+0.2828	+0.2438

2）指示电极

利用电极电位随被测溶液中氢离子浓度的变化而变化来指示被测溶液中氢离子浓度。

（1）测定 pH 值可用玻璃电极和锑电极,其中玻璃电极应用更为广泛。玻璃电极如图 2-26(a)所示。玻璃电极的主要部分是下端的一个玻璃气泡,玻璃气泡内装有一定 pH 值的缓冲溶液,其中插入了一支 Ag-AgCl 电极作为内参比电极。玻璃膜又称为 pH 敏感电极膜,能响应氢离子活度,成分大约是 22% Na_2O、6% CaO、72% SiO_2,膜厚约 0.1 mm。玻璃电极的电极电位主要取决于被测溶液的氢离子浓度,与被测溶液的 pH 有关。目前使用较多的是 pH 复合玻璃电极。它实际上由一支玻璃电极和一支 Ag-AgCl 参比电极复合而成,使用时不需要另外的参比电极,较为方便,其结构如图 2-26(b)所示。pH 复合玻璃电极下端外壳较长,起到保护电极玻璃膜的作用,有利于延长电极的使用寿命。

（2）测定溶液中氟离子浓度可采用氟离子选择电极。氟离子选择电极是一种晶体膜电极,如图 2-27 所示。电极内部的内参比电极选用的是 Ag-AgCl 电极,电极膜是氯化镧单晶膜。氟离子选择电极的电位与溶液中离子活度的对数呈线性关系,可据此作出标准工作曲线,利用标准工作曲线求出溶液中氟离子的浓度。

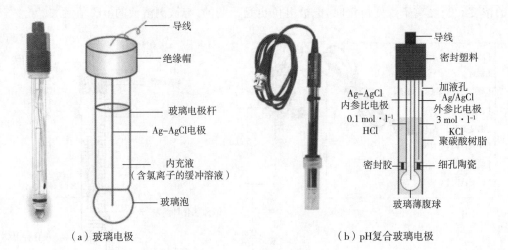

（a）玻璃电极　　　　　　　　　　　　　（b）pH复合玻璃电极

图 2-26　指示电极

（3）在电位滴定实验中，检测滴定终点时可采用铂电极。铂电极是一种惰性电极，不参与电极反应，仅起到电子导体的作用。

3. 使用方法

1）电极的准备

饱和甘汞电极使用前要检查其中的 KCl 溶液液面是否下降，若下降（低于玻璃管凸出的加液口）必须向其中添加饱和 KCl 溶液。若电极长时间不使用，内部溶液大量挥发就要全部重新添加饱和 KCl 溶液（不能添加蒸馏水），确保浓度达到要求值。另外，要检查玻璃电极管内是否有气泡，若有可通过振荡的方式排出气泡，保证电路畅通。饱和甘汞电极初次使用前需要泡在饱和 KCl 溶液中活化，不能泡在蒸馏水中，否则内部浓度会降低。饱和甘汞电极使用完，要浸泡在饱和 KCl 溶液中或者盖上两端的黑色橡胶帽（使用时两个橡胶帽要取下）。

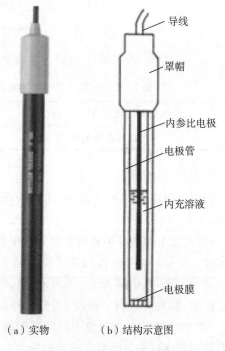

（a）实物　　（b）结构示意图

图 2-27　氟离子选择电极

玻璃电极使用前，应该用盐酸、硝酸稀溶液清洗电极底部敏感膜（不能用无水乙醇和铬酸洗液清洗）。若有油污，可依次浸入乙醇、乙醚或四氯化碳、乙醇中，最后用蒸馏水冲洗干净。若有钙镁等盐类的结垢，可用乙二胺四乙酸（EDTA）溶液浸洗。玻璃电极作为参比电极在滴定卤化物时，电极上的 AgX 沉淀膜可用 NH_3 - NH_4NO_3 溶液清洗。pH 复合玻璃电极在使用前要浸泡在蒸馏水中使敏感膜水化。新的或长期不用的玻璃电极要浸泡在蒸馏水中活化（至少 24 h）；对于经常使用的玻璃电极，可以将电极底端浸泡在蒸馏水中，以便随时使用。pH 复合玻璃电极在不用时必须浸泡在 3 mol·L⁻¹ 的 KCl 溶液中。玻璃电极长期不用应该存放在电极盒里。普通的 pH 复合玻璃电极的测量范围是 1～14。玻璃电极底部的膜很容易碎,因此使用和存储时都要小心。

　　氟离子选择电极在使用前应在 10⁻³ mol·L⁻¹ 的 NaF 溶液中浸泡 1～2 h(或在去离子水中浸泡过夜)活化,再用去离子水清洗到空白电位(每一支氟离子都有自己的空白电位),电极使用后,应浸泡在去离子水中。较长时间不用,需要用去离子水洗到空白电位,用滤纸擦拭干净后放入电极盒存放。

　　铂电极在使用前应该用去离子水清洗干净。若铂电极表面较脏或者做电镀实验后,可先用铬酸溶液甚至是浓硝酸溶液清洗(一般针对电镀实验时用到的网状铂电极)。若铂电极表面有油腻物,应用丙酮溶液清洗,再用铬酸溶液和去离子水清洗。

　　2)测量溶液 pH 值

　　(1)将准备好的电极固定在电极架上,连接相应的仪器插口,将选择开关拨至 pH 挡,将仪器温度旋钮旋至待测溶液的温度。

　　(2)打开仪器开关,预热 20 min。

　　(3)将电极浸入标准缓冲溶液(如 pH 值为 6.8 左右的缓冲溶液)中,调节"定位"旋钮,使显示器显示该标准缓冲溶液在测量温度下的标准 pH 值。

　　(4)将电极取出,用蒸馏水冲洗,再用干净滤纸擦拭干净,插入另一份标准缓冲溶液(如 pH 值为 4 左右的缓冲溶液)中。将"斜率"旋钮调节至该标准缓冲溶液的标准 pH。待测溶液的 pH 值要在 2 次选择的缓冲溶液的 pH 值量程内。

　　(5)将电极取出洗净并擦拭干净后,插入待测溶液中,等仪器显示 pH 值稳定后即可读数。

　　(6)结束测量后,将电极取出洗净并浸泡在蒸馏水中待用,关闭电源。

　　3)测量电位

　　(1)将仪器选择开关拨至"mV"挡,按测试要求取用相应的电极,并将电极连接到仪器对应接口上。

　　(2)接通电源,将电极插入待测溶液中,等显示器上数据稳定后,读取数值。该数值便是指示电极响应的待测溶液的电位值(相对参比电极)。若测量一系列不同浓度的标准溶液,可按照浓度由低到高的顺序测量。

　　(3)测量结束后,取出电极用蒸馏水洗净,再按前面电极使用要求放置,关闭电源。

　　如图 2-28 所示分别为酸度-电位计测试装置测 pH 值和测电位的图示。

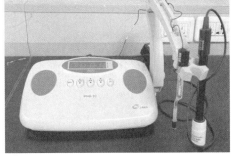

　　　(a)测 pH 值　　　　　　　　　　　　　(b)测电位

图 2-28　酸度-电位计装置测 pH 值和测电位

2.3.2　可见分光光度计结构原理及使用

目前实验室常使用的可见分光光度计为 V-5000 型分光光度计,如图 2-29 所示。

1. 分光光度计的原理

1)仪器的测量原理

物质分子对可见光或紫外光的选择吸收在一定溶液条件下符合朗伯-比尔(Lambert-Beer)定律,即溶液中的吸光分子吸收一定波长的光波的吸光度与溶液中该吸光分子的浓度 c 成正比关系,公式如下:

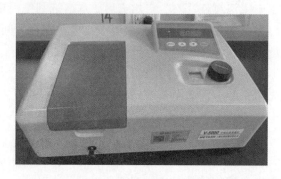

图 2-29　V-5000 型分光光度计实物图

$$A = \lg \frac{I_0}{I_t} = kbc$$

式中,A——吸光度;

　　　k——摩尔吸收系数(与入射光的波长、吸光物质的性质、温度等有关);

　　　c——溶液中待测物质的浓度;

　　　b——入射光穿过溶液的光程,即使用的比色皿厚度。

一定温度下,特定物质 kb 之积为常量,故上述公式可进一步简化为 $A = kc$。A 与 c 呈线性关系,k 相当于直线的斜率。因此,可以配制一系列不同浓度的标准溶液,再测出它们对应的吸光度,就可以作出以浓度 c 为横坐标、吸光度 A 为纵坐标的标准工作曲线。通过分光光度计测出待测样的吸光度值,就可以在标准工作曲线上找出该溶液对应的浓度,如图 2-30 所示。

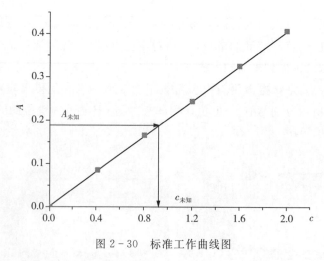

图 2-30　标准工作曲线图

2)仪器的工作原理

由光源(一般为普通的白炽灯泡)发出复合光,经单色器分光得到单色光,单色光经过吸收池后照射到检测器上,检测器将光信号转变为电信号,且经微电流放大电信号后,由信号显示装置以吸光度 A 或透射比 T 的形式表现出来。

2. 分光光度计的结构

分光光度计一般由以下几个部分组成,其结构示意图如图 2-31 所示。

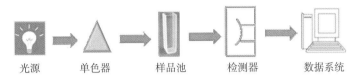

光源　　单色器　　样品池　　检测器　　数据系统

图 2-31　分光光度计结构示意图

1)光源

光源的功能是提供稳定、强烈的连续光。可见光区光源一般是钨灯或卤钨灯,两者均可提供较为强烈的可见光。氢灯在紫外区发光强烈,常被用作紫外区测定的光源。

2)分光系统

分光系统又被称为单色器,它的作用是将光源提供的混合光色散成单色光。现代分光光度计基本上都采用光栅作为分光元件,配以入射狭缝、准光镜、投影物镜、出射狭缝等光学器件构成分光系统。

3)样品池

样品池即比色皿,用光学玻璃或石英制成,用于盛放待测溶液。比色皿有平滑的光面和粗糙的毛面。对着光路的必须是光面,而手拿比色皿时应拿着毛面部分。普通单波长分光光度计测量时需要两个比色皿,一个装待测溶液,一个装参比溶液。

4)检测显示系统

检测显示系统可将透过吸收池的光转变成电信号,再进行放大和对数转化后,以模拟或数字信号的形式显示。检测显示系统通过对比光透过参比溶液和待测溶液获得的电信号差值给出吸光度或透射比数值。

3. 分光光度计的使用

分光光度计的结构部件如图 2-32 所示。

（a）样品池暗箱盖　　（b）样品槽　　　（c）波长调节旋钮　　　　（d）显示器

图 2-32　分光光度计的结构部件

（1）打开电源开关,预热 20 min。

（2）准备两个干净的比色皿,测量前用待测溶液润洗,一个比色皿盛放参比溶液用于仪器调零,另一个比色皿用于盛放待测溶液。

(3)仪器稳定后,调节波长旋钮至待测波长,然后打开比色皿暗箱盖,样品槽第一个槽内是黑体(用于遮挡入射光),手持比色皿毛玻璃面,让光滑面对准光路,将参比溶液和待测溶液的比色皿紧挨黑体依次放入样品槽,合上比色皿暗箱盖。

(4)调零。拉动样品槽下拉杆,使黑体所在样品槽处于光路上。按下"模式"或"Mode"键,使显示屏上左侧"T"透射比模式亮灯(此时为测透射比模式)。此时显示数据应该为"0",否则按"0%T"调至"0"。数据稳定后,拉动拉杆,使参比溶液在光路上,此时透射比应该为"100%",若不是则按下"100%T"键。然后再次按下"模式"或"Mode"键,使显示屏上左侧"A"吸光度模式亮灯(此时为测吸光度模式)。若此时显示器显示为"0",则调好零点,相反则要重复以上操作。每换一次波长均需要调一次零,如果固定波长后,测试不同浓度溶液的吸光度就可以仅在开始时调一次零。

(5)调零结束后,拉动拉杆,将待测溶液置于光路之上,等显示器上数据稳定后就可以记录该波长下待测溶液的吸光度。

4. 分光光度计使用注意事项

(1)仪器保存房间需要通风干燥,使用前需预热至少 20 min。

(2)样品槽下的拉杆拉动时需轻拉。

(3)比色皿使用前要清洗干净,其光滑面要对准光路,毛玻璃面可手持。装入溶液体积为比色皿体积的 2/3 即可,且装入溶液后比色皿内应无气泡。

(4)使用完毕后比色皿不能置于样品槽中,应倒掉溶液清洗干净并倒置于干净的滤纸上,长期不用应收于比色皿盒内。

(5)每换一次波长,均需要重新调零。

(6)仪器使用完毕后,关上开关,切断电源,待仪器稍冷后盖上防尘罩。

2.3.3 原子吸收光谱仪的结构原理及使用

原子吸收光谱仪(图 2-33)是分析化学领域十分重要的一种光谱分析仪器,它主要用于测试溶液中金属离子的含量,目前在冶金、食品安全、环境监测等领域均有广泛应用。

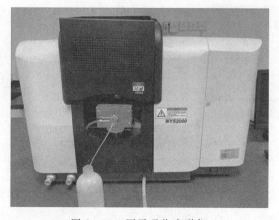

图 2-33 原子吸收光谱仪

原子吸收光谱法是利用基态原子对其相应的特征辐射线的吸收程度进行定量分析的方法。其既可以进行常量分析，又可以进行 ppm、ppb 级的微量测定。例如，采用原子吸收光谱法可检测水中 Ca、Mg 含量，钢铁合金中低含量的 Cr、Ni、Cu、Mn 等元素，土壤中重金属含量以及食品或化妆品中的铅含量等。该方法具有检出限低、准确度高、选择性好、分析速度快以及稳定性良好等优点。

1. 原子吸收光谱仪的原理

在测试过程中，采用火焰法或者石墨炉原子化法使试样溶液中的待测元素原子化为气态的基态原子蒸气，该元素的空心阴极灯发射出该元素的共振线，原子蒸气吸收共振线产生共振，使得原子中的电子由基态跃迁到激发态，透过原子蒸气的共振线经分光系统除去非吸收线后，在检测系统中转化为吸光度信号，由显示器给出吸光度值。然后根据朗伯-比尔定律进行定量分析（与可见分光光度计的定量分析方法一致，两者原理基本相同，主要在于光源和吸光物质存在差异）。

2. 原子吸收光谱仪的结构

原子吸收光谱仪的结构主要包含光源、原子化系统、光学系统和检测显示系统，其结构示意图如图 2-34 所示。

(1)光源：光源的作用就是提供待测元素的共振线供原子蒸气吸收，因此必须选择锐线光源。所使用的光源应满足以下条件：能辐射锐线，即发生线中心波长与待测元素吸收线中心波长重合且宽度比吸收线窄；能辐射待测元素的共振线，且具有足够强度；辐射的光强度必须稳定且背景小。原子吸收光谱仪选用的光源是空心阴极灯，一般根据待测元素选择相应金属元素的空心阴极灯。其采用脉冲供电维持发光，点亮后要预热 20～30 min后发光强度才能稳定。在使用前需要设定灯电流大小和灯的位置。

图 2-34　原子吸收光谱仪的结构示意图

(2)原子化系统：原子化系统由原子化器和辅助设备所组成。它的作用是将试样溶液中的金属离子转变成基态原子蒸气。根据原子化方式不同，原子化主要可以分为火焰原子化器和石墨炉原子化器。

① 火焰原子化器：其主要由喷雾器、雾化室、燃烧头、乙炔钢瓶和空气发生器组成。喷雾器可将溶液转变成尽可能细且均匀的雾滴。当助燃气（一般是空气）高速通过时，在毛细管外壁与喷嘴口构成的环形间隙中，形成负压区，将溶液吸入，并被高速气流分散成气溶胶，在出口与撞击球碰撞，进一步分散成细雾。燃烧器是供气体燃烧的部件，试样雾化后进入雾化室，与燃气（乙炔）充分混合，而大的雾滴会凝结在壁上，经废液器排出，小雾滴会进入火焰中。试样的雾滴会在乙炔火焰中（约 2300 ℃）经蒸发、干燥、离解（还原）等过程产生大量基态原子。

② 石墨炉原子化器：将待测元素样品注入石墨炉内，经过不同温度的加温使样品在

高温（3000 ℃左右）下原子化。石墨炉原子化器的主要作用是在惰性气体的保护下，用程序升温的方法使试样在分离水分和其他杂质，以及不损失原试样中元素含量的情况下充分原子化，以求得较高的灵敏度。

两者的区别：石墨炉原子化器的原子化效率可达 100％，而火焰原子化器的原子化效率只有 1％左右；石墨炉原子化器的灵敏度更高，分析溶液浓度可达 $\mu g/L$（ppb）级，而火焰法的灵敏度相对略低，分析溶液浓度为 mg/L（ppm）级；石墨炉原子化器测样时间长，背景干扰大，重复性差。因此在火焰原子化器能满足检测精度的前提下尽量采用火焰原子化器。

（3）光学系统：原子吸收光谱仪的光学系统主要由外电路聚光系统和分光系统两部分组成。外光路的作用是将光源发出的光聚在原子蒸气浓度最高的位置，并将透过原子蒸气的光聚焦在分光器的狭缝上。分光系统的作用是将共振线与其他波长的光分开（如来自光源的非共振线和原子化器中的火焰发射）。仅允许待测元素的共振线透过光投射到光电倍增管上。一般需要调整的参数有特征谱线波长和狭缝宽度。

（4）检测显示系统：检测显示系统主要包括检测器、放大器、对数变换器和显示装置。其主要功能是将原子吸收信号转换为吸光度值并在显示器上显示出读数。

3. 原子吸收光谱仪的使用

市场上原子吸收光谱仪的型号有很多，这里以实验室常用的 WYS2000 原子吸收光谱仪为例介绍它的使用方法。它的具体结构如图 2-35 所示，灯座是放空心阴极灯的位置，共有 6 个槽位，在选择灯位置时会自动转动将所选空心阴极灯转到光路上。自动进样口是一根白色的毛细管，它连接着雾化室。原子化室中主要有燃烧头，在通入乙炔-空气后点燃会形成乙炔火焰。具体使用流程如下。

（a）灯座　　　（b）进样器及雾化装置　　（c）原子化室　　（d）乙炔钢瓶　　（e）空气发生器

图 2-35　WYS2000 原子吸收光谱仪的结构部件

（1）打开仪器电脑开关和仪器右侧方的电源开关。打开灯座，在空槽位上装上待用的空心阴极灯，并记录灯所在的槽位置。

（2）点击电脑上的仪器图标，连接仪器和电脑。打开后在窗口上方任务栏里选择待测元素（会出现元素周期表）并点击待测元素两下进入条件设置，光学系统只需要选择灯所在的位置，特征谱线的波长、狭缝宽度和灯电流系统都设定好了。测量条件里设置标准样品的名称并可添加多个标准样品，同样需设置待测样品的名称和数量。设置单位一般为 $\mu g/mL$，重复测试次数可根据需求设定，然后保存测试方法。

（3）将设定好的测试方法点击放入方法池（窗口右下方），然后点击右键选择"自动测量"，就会自动搜索特征谱线，进而设定测试波长。

（4）波长搜索完毕后，可以打开空气发生器，压力调整为 0.3 MPa 左右。打开乙炔钢瓶，调节减压阀使乙炔压力为 0.07～0.08 MPa，流量为 2 L/min。点火，预热 30 min。

(5)准备好空白试样、标准样品和待测样品。先将毛细管进样器插入空白试样中,点击电脑窗口的"调零"按钮,待数据稳定后点击"搜集"按钮。然后取出毛细管进样器依次由低浓度到高浓度测试标准样品(一般都是吸收稳定后点击"搜集"按钮即可),最后测试样品。

(6)测试过程中,电脑窗口左上角会显示标准工作曲线及各溶液的吸光度值。最后可以点击样品池里的测试方法,选择"打印"就可以打印完整的测试数据和标准工作曲线。

(7)关机:点击方法池里的测试方法,右击选择"结束测样",然后关闭乙炔气体,待火焰熄灭后,再点击窗口上方任务栏的"火焰"按钮,选择"熄灭",接着关闭空气发生器。

原子吸收光谱仪使用的环境条件:环境温度为 $10 \sim 30\ ^{\circ}\mathrm{C}$;室内相对湿度不超过 85%;没有震动和电磁干扰;室内无易挥发的腐蚀性试剂或气体;电源电压为 (220 ± 20) V,电流为 3 A,频率为 (50 ± 1) Hz。

2.4　重量分析基本操作

重量分析法是指通过物理或化学反应将试样中待测组分与其他组分分离,然后用称量的方法测定该组分的含量。将被测成分以单质或纯净化合物的形式分离出来,然后准确称量单质或化合物的质量,再以单质或化合物的重量及样品的重量来计算被测成分的百分含量。

重量分析的过程主要包括了分离和称量过程。重量分析法的特点是干扰少、准确度高,至今仍有广泛的应用,缺点就是操作烦琐、耗时较长。

根据待测组分与试样中其他组分分离方法的不同,重量分析法可分为电解重量法、气化重量法和沉淀重量法。

1. 电解重量法

电解重量法又称电重量法。电解重量法的全部数据都是由分析天平称量获得的,不用基准物质或标准溶液进行比较。由于称量误差一般很小,若分析方法可靠且操作细心,可用于常量组分的测定,相对误差一般不大于 0.1%。因为这种分析方法,周期长且操作烦琐,不适用于微量分析或痕量组分的测定,因此应用受到限制。电解重量法主要用于含量不太低的硅、硫、磷、钨、钼、镍及稀土元素的精确测定和仲裁分析。例如,溶液中 Cu^{2+} 的测定,可通过电解使溶液中的 Cu^{2+} 在阴极析出,称量阴极前后的质量差就可以得出溶液中 Cu^{2+} 的含量。

2. 气化重量法

气化重量法是用适当的方法使待测组分从试样中挥发逸出后,根据试样质量的减少值或者吸收待测组分的吸收剂质量的增加值来计算该组分的含量。例如,测定某纯净化合物结晶水的含量,可以加热烘干试样至恒重(可以利用热重分析仪操作),使结晶水全部气化逸出,试样减少的质量就是所含结晶水的质量。又如,测定某试样中的 CO_2 含量,可以设法使其逸出,然后用碱石灰作为吸收剂来吸收,再根据碱石灰前后质量差计算 CO_2 的含量。

3. 沉淀重量法

沉淀重量法是重量分析法中应用最广的一种方法,这种方法以沉淀反应为基础,将被测组分转化为难溶化合物沉淀下来,再将沉淀过滤、洗涤、干燥、灼烧和称量得出沉淀的重量。根据沉淀的重量算出待测组分的含量,最为常见的应用就是测定试样中 SO_4^{2-} 的含量。一般是加入过量的 $BaCl_2$ 作为沉淀剂,将 SO_4^{2-} 转化为沉淀物 $BaSO_4$ 从溶液中析出,然后对沉淀进行过滤、洗涤、干燥、灼烧和称量。下面就对沉淀重量法的过程进行详细描述。

2.4.1　沉淀

首先准备好干净的烧杯、玻璃棒和表面皿。对于固体,可用分析天平称取一定质量的试样于烧杯中,再选择合适的试剂进行溶解;对于液体,可用移液管移取一定量的试样于烧杯中,然后根据试样性质选择合适的沉淀剂。对于晶型沉淀,用滴管将沉淀剂沿着烧杯壁或者玻璃棒缓慢加入烧杯中,滴管口接近液面,避免溶液溅出,边加边搅拌,以免沉淀剂局部过浓。搅拌时尽量不要碰击烧杯内壁和底部,以免划损烧杯使沉淀黏附在划痕上。对于无定型沉淀,一般要在热的且浓度较大的溶液中进行沉淀,这时最好是水浴加热,溶液不能沸腾,以免溶液溅出。

2.4.2　沉淀的过滤和洗涤

1. 滤纸的选择

可根据沉淀的性质和多少来选择滤纸的类型和大小。滤纸可以分为定量滤纸和定性滤纸。定量滤纸又称为无灰滤纸,其灰化后的灰分小于 0.1 mg,在分析天平上可被忽略,因此定量滤纸可用于灰化称量分析实验。而定性滤纸灰化后的灰分质量偏大,仅用于普通的过滤。定量滤纸一般为圆形,根据空隙大小可分为快速、中速、慢速,由沉淀量和沉淀的性质决定选用。晶型沉淀选用致密空隙小的慢速滤纸(如 $BaSO_4$、CaC_2O_4),而对于蓬松的无定型沉淀要用疏松且空隙大的快速滤纸(如 $Fe_2O_3 \cdot nH_2O$)。根据沉淀量的多少选择滤纸的大小,沉淀体积应低于滤纸容积的 1/3,根据滤纸大小选择合适的漏斗,滤纸边缘应低于漏斗沿 0.5~1 cm。

2. 滤纸的折叠和安放

用干净的手指将滤纸按照图 2-36 所示,先对折,再对折成圆锥体,每次折叠时均不用能手压中心留下清晰折痕,否则会因有小孔而发生穿漏,折时应用手指由近中心处向外两方压折。然后放入漏斗中,使滤纸与漏斗紧密贴合。若滤纸与漏斗不完全贴合,适当调节滤纸的角度至完全贴合。为使滤纸三层部分紧贴漏斗内壁无气泡,可将三层滤纸的外层上角撕下一点并保存在干燥的表面皿上,留作擦拭烧杯壁和玻璃棒残留的沉淀。

将折叠好的滤纸放入漏斗时,应注意三层处应在漏斗颈出口短的一边,用手指按住三层滤纸处,然后用洗瓶吹出少量水润湿滤纸,轻压滤纸赶走滤纸与漏斗壁之间的气泡,使滤纸的锥形上部与漏斗间无空隙。加蒸馏水至滤纸边缘,此时水充满漏斗颈形成水

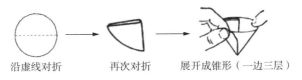

沿虚线对折　　　再次对折　　　展开成锥形（一边三层）

图 2-36　滤纸的折叠法

柱,当漏斗内水全部流出后,漏斗颈内水柱仍然存在且无气泡。若不能形成完整的水柱,可用手指堵住漏斗出口,稍微掀起三层滤纸边缘,排除气泡,最后缓缓松开堵住漏斗出口的手指,水柱即可成型。在过滤和洗涤过程中,借助水柱的抽吸作用可使滤速明显加快。

3. 沉淀的过滤和洗涤

将准备好的漏斗放置在漏斗架上,在其下方放一洁净的烧杯接滤液,漏斗下方出口应紧靠在烧杯壁上,滤液沿着杯壁缓慢进入烧杯,避免滤液溅出。调整漏斗架的高度,使漏斗出口不接触滤液。过滤一般采用倾注法(或倾斜法),即沉淀下沉到烧杯底部,把上层清液先倒在漏斗上,尽可能不搅起沉淀。然后将洗涤液加在带有沉淀的烧杯中,搅起沉淀以进行洗涤,待沉淀下沉,再倒出上层清液。这样不仅可以避免沉淀堵塞滤纸,加速过滤,还可使沉淀洗涤更充分。

图 2-37　过滤装置

过滤装置如图 2-37 所示,具体过滤操作步骤:沉淀倾斜静置至澄清,一只手拿玻璃棒垂直或斜悬于三层滤纸上方(不接触滤纸),另一只手拿烧杯,烧杯尖口抵在玻璃棒上,缓慢倾倒烧杯,使烧杯内上层清液沿着玻璃棒缓缓倾入漏斗中,直至液面距滤纸边缘 0.5 cm 处停止。停止后,将烧杯嘴沿玻璃棒慢慢向上提起,并逐渐扶正烧杯,再将玻璃棒放入烧杯中(不可随意放在桌面上)。用洗瓶吹洗烧杯壁,使蒸馏水沿杯壁流至沉淀上,再搅拌沉淀,充分洗涤,待沉淀下沉后,再倒出上层清液。如此反复多次清洗,一般晶型沉淀洗 2~3 次,胶状沉淀洗 5~6 次。继续在装有沉淀的烧杯中加入少量蒸馏水(加入蒸馏水的量应该是滤纸一次性能容纳的),并搅拌沉淀,然后将悬浮液转移到滤纸上(此时可将沉淀从烧杯中转移)。洗瓶反复吹洗烧杯内壁和玻璃棒,保证将烧杯内及玻璃棒上残留的沉淀全部转移到漏斗的滤纸上。

待沉淀完全转移到滤纸上后,需要对滤纸上的沉淀进行洗涤,主要目的是除去沉淀表面吸附的杂质及残留的母液。洗涤方法:从洗瓶中轻轻挤出蒸馏水在三层滤纸上层边沿略靠下的位置,再盘旋自上而下洗涤,使得沉淀集中到滤纸圆锥体下方。为了提高洗涤效率、减少沉淀的溶解损失,每次使用少量蒸馏水,洗后沥干,然后再洗,反复几次洗涤。沉淀经反复洗涤后,可用干净的表面皿(或干净的小烧杯),凹面朝上,在漏斗下端尖口处接取滤液 2~3 滴,再选择灵敏、迅速的定性反应来检验沉淀是否洗干净。

4. 沉淀的烘干和灼烧

(1)坩埚的准备。将坩埚清洗干净、烘干,再用钴盐或铁盐溶液在坩埚及盖上写上数字,以便后期识别。然后置于马弗炉中在 800 ℃ 左右高温下灼烧 15~30 min。用大号坩埚钳将灼烧后的坩埚从马弗炉中取出放在陶瓷托盘上,待冷却至室温后,将准备好的坩埚放在干燥器里保存。然后移至天平称量室,将干燥器里的坩埚一一称量并记下相应的质量。然后对坩埚进行二次高温灼烧,直到坩埚两次称量的质量差不超过 0.2 mg 为止,即可认为坩埚恒重。

(2)沉淀的包裹。对于无定型沉淀[图 2-38(a)],可用玻璃棒将漏斗内滤纸边缘挑起并向内折,把圆锥体的敞口封起来,再用玻璃棒将滤纸包轻轻转动整个挑起,转移至坩埚中,并将尖底部分朝上,然后玻璃棒在滤纸上轻轻擦拭并将滤纸轻轻下压,这样可以将玻璃棒上可能残留的沉淀物留在滤纸上,还可以使滤纸与坩埚更加贴合。对于晶型沉淀,可以用药铲将三层滤纸两处铲起,再用干净的手指沿着掀起处将滤纸取出,打开成半圆形,自右端 1/3 半径处向左折叠一次,再自上而下折叠一次,然后从右向左卷成小卷如图 2-38(b)所示,用小卷轻轻擦拭漏斗内壁再放入坩埚,同样将玻璃棒在小卷上轻轻擦拭以擦去残留沉淀物。

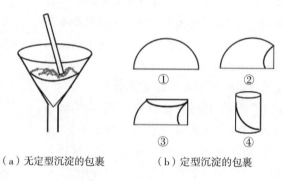

(a)无定型沉淀的包裹　　　　(b)定型沉淀的包裹

图 2-38　沉淀的包裹

(3)沉淀的烘干、灰化和灼烧。将包裹好的滤纸放在恒重坩埚中(三层滤纸部分向上),盖上坩埚盖(不要盖严),放在托盘上再放入烘箱中烘干。烘干后的坩埚放在低温电炉上加热,这时要半盖坩埚盖,滤纸烤成炭黑状,即全部炭化。在这一过程中注意滤纸只能冒烟不能冒火,以免沉淀颗粒随火飞散而损失。炭化过程若遇着火,要马上盖上坩埚盖,使火熄灭,不能用嘴吹灭。炭化后可逐步提高温度,使呈炭黑状的滤纸灼烧成灰,直至滤纸全部呈白色。在炭化和灰化的过程中,温度控制很重要,应逐步升温,不能着急。滤纸的炭化和灰化如图 2-39 所示。

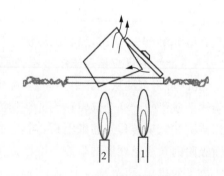

图 2-39　滤纸的炭化和灰化

如果所需烘干灰化的坩埚数量较少,可将含有沉淀的坩埚倾斜放在泥三角上,坩埚盖半掩地倚靠在坩埚口,以便反射焰将滤纸炭化。采用煤气灯火焰均匀烘烤坩埚,开始选用小火使滤纸和沉淀慢慢干燥。若要加速干燥可将火焰移至 1 号位置即对准坩埚盖中心,加热后热空气流可以反射到坩埚内部,而水蒸气也可以从上方逸出。待滤纸和沉淀干燥后,将火焰移至 2 号位置(即坩埚底部),稍微增大火焰,使滤纸炭化。滤纸炭化完全后,再增大火焰升高温度使滤纸灰化。

(4)灼烧和称重。将灰化后的坩埚转移至马弗炉内,在 800 ℃左右高温下灼烧 30～45 min,再从高温马弗炉中取出坩埚。取坩埚时,将红热坩埚移至炉口,至红热稍退后,取出放在干净的陶瓷托盘上,等红热完全褪去,将坩埚放在干燥器的瓷板圆孔内。放入后,应连续推开干燥器 1～2 次,以便及时散热。完全冷却后将干燥器内的坩埚取出称重,并记录下质量。然后重复上述灼烧、冷却和称重过程,直至含有沉淀物的坩埚质量不变。最后倒出沉淀物,用毛刷将坩埚内残留的沉淀物粉末刷净,再称空坩埚的质量。将这两个质量相减就可以得到沉淀物的质量。

第3章 误差理论与数据处理

3.1 误差的产生

3.1.1 误差的概念和表示

在做定量分析实验时,目标始终都是得到组分中客观存在的真实数值结果,即真实值 T。然而,实际的实验过程总是会受到各种因素的影响,使得到的分析结果 x 与真实值 T 之间存在一定的差距,这一差值即为误差。误差的存在是不可避免的,在进行分析化学实验之前,必须要学会评估自己实验结果的误差大小以及可信程度的方法。

误差有绝对误差 E_a 和相对误差 E_r 这两种表示方式。首先,根据误差的定义:

$$E_a = x - T$$

这样得到的就是准确的误差值,即绝对误差。若在相同的实验条件下进行了几组平行实验,得到了一个定量结果的平均值 $\bar{x}$,那么这一组平行实验的绝对误差就为

$$E_a = \bar{x} - T$$

评估实验中误差的大小需要将绝对误差的数值与真实值进行比较,于是在此基础上引入了相对误差:

$$E_r = \frac{E_a}{T} \times 100\%$$

相对误差的大小是评价一次分析实验或是一种分析方法准确度的标准。

3.1.2 误差的种类及产生的原因

存在误差是一个必然的结果,导向误差的产生有着多方面的原因。误差根据其来源主要分为系统误差和随机误差这两大类。

系统误差,顾名思义,就是一个确定的定量分析实验系统框架得到的实验结果,会因为这个系统框架本身而产生误差。一个确定的定量分析实验系统框架,包含了方法、试剂、仪器、人员等要素。分析方法不够完善、试剂的纯度不足、使用的仪器不够精确、操作人员个人的实验习惯等因素都会使实验结果相对真实值发生偏移,它们都属于系统误

差。也就是说,系统误差是能够归因的误差。只要实验的系统框架不发生改变,系统误差的大小和正负也是确定的,它具有重现性、单向性和可测性。通过对整个实验系统进行分析,可以检出系统误差的存在,找到它的归因,并进行针对性的校正,从而排除系统误差的影响。

随机误差指的是由某些难以控制的随机因素而造成的误差。与系统误差相对,随机误差是无法准确归因的误差。它可能来自外环境的温度、湿度或是微尘颗粒等在偶然时机下对系统产生的随机微扰。随机误差无法归因,所以也无法彻底消除,条件控制再严格的平行实验也无法保证完全没有随机误差。同时,随机误差是不规则的,正负方向上出现的概率相等,满足以真实值为中心正态分布的规律。

除上述两种以外,还存在一种可能性,即实验人员在操作过程中,因疏忽等个人原因导致操作出现错误,使得实验结果与真实值出现了较大的偏离。这种情况属于实验过程的失误,得到的结果没有进行进一步分析的价值,不在误差的讨论范围之内,是我们在做实验的过程中需要极力避免的。

3.1.3　提高实验结果准确度的方法

相对误差的大小是评价分析方法准确度的标准之一,这也就意味着要提高实验结果的准确度,就需要我们采取一定的手段来减小误差。针对两类不同的误差,我们相应有着不同的处理方法,处理得当的话就可以提高实验结果的准确度。

正确且恰当的实验方法是最重要的一环。在进行分析实验时,最首要的就是根据对测定结果准确度的要求以及试样的组成、性质和待测组分等选择适当的分析方法。一个比较普适性的准则是在设计实验时要尽可能减小测量的相对误差。仪器的绝对误差通常是确定的,称样量过小会使得相对误差较大,数据处理过程中误差传递会导致分析结果的相对误差也较大,因此称小样的时候通常采用减量法以减小测量的相对误差。

为了消除系统误差,还需要在做实验的同时对整个实验体系进行反复审视,保证实验方法在理论上是完善的,能够得到尽可能趋近于真实值的结果。恰当地安排对照实验和空白实验,或是对系统中的试剂、仪器、人员等要素进行替换后重复实验,也可以对这些因素中可能包含的系统误差进行排查。系统误差的检出和消除具有理论上的可行性,是分析化学实验中一个重要的环节。

在同学们的实验课学习过程中,做实验之前需要经过充分的预习,熟练掌握实验方法的理论原理以及操作过程中的重点注意事项,同时在实验过程中边做边思考,确保自己的实验在方法上是没有问题的。做相同实验的同学可以就实验过程进行交流讨论,用组间比照的方式也可以检查自己的操作习惯是否会给实验带来系统误差,也能够发现仪器和试剂的问题带来的系统误差。针对这些问题进行处理,对提高实验结果的准确度都是有帮助的。

而对于随机误差,虽然是无法消除的,但是由于它满足一定的分布规律,可以采取增加平行实验组数的方式来进行控制,减小随机误差的影响。理论上来说,消除系统误差后,平行实验的次数足够多时,平均的实验结果是无限趋近于真实值的。我们的实验课程中,定量分析实验都是需要做三组平行的,在今后实际的实验工作中只要涉及了定量分析或者测量数据,都要有意识地根据需要进行一定组数的平行实验,以减小随机误差的影响,同时便于评估实验结果的准确性。

在进行平行实验的过程中,需要格外注意的一点是,要在可能的范围内保证平行实验组所有的实验细节都完全相同,充分保证不同组实验的平行性。这也是消除系统误差并减小随机误差从而提高实验结果准确度的一个关键点。

3.2 数据的取舍

3.2.1 实验数据的记录

分析化学实验中,实验数据就是实验结果,是实验过程中最重要的一环。所以对于实验数据,必须用认真严谨的态度,按照科学的方法进行正确的记录。

记录实验数据时必须是第一时间在实验记录本上记下第一手未经处理的原始读数。比如说,用减量法进行称量时,记录本上记录的应该是前后两次称量时天平的示数;进行滴定实验时,记录的应该是滴定管中的液面在滴定开始与结束时的刻度数。这些原始数据是实验的第一手结果,它们必须要明确、真实地反映在实验记录本上,不可以有涂改。这样的数据记录是最科学、最能反映整个实验过程的,便于日后查找以及回忆实验的过程,有利于我们对曾经进行过的实验进行还原和重新审视。最终的实验报告上也必须包含记录下来的原始数据。

进行实验之前必须经过充分的预习,让自己对整个实验过程了然于心,对实验过程中需要记录哪些数据做到心知肚明,最好是在撰写预习报告时预先自行绘制用于记录原始数据的表格,做到在实验过程中有条不紊,不至于手忙脚乱。

3.2.2 有效数字

有效数字,字面意思"有效"的"数字",是在分析过程中实际测量能够达到的有意义的数字。一般来说,有效数字只有最后一位是估读的不确定值,有着 ±1 个单位的误差,其余位的读数都是准确的。

有效数字的计算有着一套完善的修约规则,背后反映的是测量误差在计算过程中的传递。进行加减法计算时传递的是绝对误差,以小数点后位数最少的数据为准;而乘除法计算时传递的是相对误差,以有效数字位数最少的数据为准。需要注意的是,只有反映实际测量结果的数字才需要考虑有效数字,计算过程中涉及的一些计量系数或是常数等视作有无穷位有效数字,不会影响结果的修约。这一部分具体在分析化学理论课中有详细的介绍,本书中就不再展开。

在分析化学实验课上,有效数字是一个全程都需要牢记于心的概念。定量分析仪器都有自己的测量精度,仪器的读数本身就反映了它的测量准确度。测量精度是 0.1 mL 的量筒,是无法用来量取 10.00 mL 体积的溶液的,必须使用滴定管或者移液管等精度更高的仪器才行。而对于不参与数据处理计算过程的一些量,就不需要用精度很高的测量仪器进行量取。实验过程中,进行数据记录的时候,必须如实记录下全部的有效数字,并在数据处理时根据有效数字的运算规则得到只有最后一位不确定的、有效数字合理的最终计算结果。

3.2.3　可疑数字取舍

在进行平行组的分析实验过程中,有时会出现某一组的实验数据与其他组出现较大偏差的情况,这样的实验数据我们称为可疑值。分析化学理论课上有介绍过,在大批量的分析工作中,针对个别可疑值,可以根据实验组数和要求的置信度这两个参数,采取 Q 检验法或 Grubbs 检验法等来判断是否需要舍弃。在类似于实验课这种三组平行实验的场合,当我们发现某一组数据与另外两组差别较人时,多采取追加一组实验的方式米验证是否可以得到平行的结果,舍弃可疑值,审视实验过程中可能产生的问题,对可能存在的实验方法和操作中的问题进行分析,并记录在实验记录上。

3.2.4　有效数字数确定和保留规则

数字 0 的作用:①仅定位作用,不记在有效数字内。例如 0.004,数字 4 前面的 0 均不记在有效数字内,共一位有效数字。②在非零数字后出现的 0 均为有效数字,例如 0.0400,数字 4 后面的两个零均为有效数字,共三位有效数字。

对数的有效数字:在对数计算中所取对数应该与真数的有效数字位数相等。例如 $pH=4.75=-\lg^{1.8\times10^{-5}}$,因 1.8×10^{-5} 有效数字,故 $pH=4.75$ 也是两位有效数字。即 pH、pM、lgK 等对数的有效数字只记数值小数点后的数。

指数的有效数字:以指数 3.019×10^{5} 为例,有效数字近看 3.019 即可,为四位有效数字。

首位是 8 或 9 时,有效数字可以多记一位:例如 0.812、90.3％和 120.4 均为四位有效数字。

有效数字保留规则是"四舍六入五留双"。具体规则为,当保留 n 位有效数字时:第 $n+1$ 位数字≤4 就舍掉。例如 3.4521 要保留四位有效数字,因第五位小于 4,故为 3.452;第 $n+1$ 位数字≥6 时,第 n 位数字进 1。例如 2.6527 要保留四位有效数字,因第五位是 7 大于 6,故为 2.653。

当第 $n+1=5$ 且后面数字为 0,第 n 位为偶数时就舍掉后面的数字,例如 4.3250 保留三位有效数字,第四位为 5 且第三位为 2,故为 4.32。若第 n 位数为奇数时加 1,例如 4.3350 保留三位有效数字,故为 4.34。

当第 $n+1=5$ 且后面数字不为 0,则无论第 n 位数字无论是奇或偶均加 1。例如 4.3254 保留三位有效数字则是 4.33。

3.3　实验数据的处理与表达

3.3.1　少量次实验数据的表示

分析实验根据平行实验的组数,可以分为少量次实验和高通量实验。以组学分析和高通量筛选高通量实验一般需要采用大量的统计学手段进行辅助的数据处理与呈现。分析化学实验课中涉及的基本都是重复组数较少的少量次实验,数据处理的步骤较为简单,应当在实验报告中绘制数据汇总表格,清晰明确地展示所有的原始数据和计算与数据分析结果,同时在表格的下方写出相关计算的详细步骤,将所有的实验数据全面有序地表现出来。

3.3.2　实验数据处理的基本方法

在进行实验的数据处理时,除了按照有效数字的修约规则计算出合理的实验结果以外,还需要对实验的准确度进行一定的评估。前面已经说到,根据绝对误差的定义有

$$E_a = x - T$$

但实际的分析化学实验中的真实值 T 在绝大多数场合都是未知的,因此在对实际的定量分析结果进行评估时,通常采用的是去分析一组平行实验结果相互之间接近的程度,也就是实验的精密度。高精密度是高准确度的前提,在有效消除系统误差的情况下,高精密度也是高准确度的体现。

一般我们通过计算偏差 d 来对实验的精密度进行评估。偏差指的是某次平行实验的结果 x_i 与所有实验结果平均值 $\bar{x}$ 之间的差值,即

$$d_i = x_i - \bar{x}$$

通过每一组实验的偏差求平均的方法可以得到平均偏差 $\bar{d}$ 和相对平均偏差 d_r

$$\bar{d} = \frac{\sum |d_i|}{n}$$

$$d_r = \frac{\bar{d}}{\bar{x}} \times 100\%$$

少量次实验中,也可以通过计算样本的标准偏差 s 的方式来进行评价

$$s = \sqrt{\frac{\sum (x_i - \bar{x})^2}{n-1}}$$

最终的实验结果可以表示为 $\bar{x} \pm s$ 的形式。

在分光光度法等仪器分析实验中,需要采用校准曲线法进行数据的处理,这是分析

实验中另一种常用的数据处理方法。在做校准曲线时,通常需要根据实验的原理,选用适当的数学模型对测得的数据点在坐标系中进行拟合,得到拟合公式,然后通过校准曲线的拟合公式对待测样品的相关数值进行计算。

3.3.3　实验结果表达的注意事项

分析化学实验中最重要的是数据的获取与处理,在进行实验结果的表达过程中,需要格外注意数据呈现时的准确性和科学性。具体来说,表达实验结果需要分为实验的原始数据、得到实验结果的数据处理步骤,以及对实验准确度或精密度的评价这三个部分,缺少任何一个部分都是不完整的。在表达实验结果的计算过程中,需要注意有效数字的运算法则,确保得到的结果中每一位数字都是有实际意义的,不可对小数位数进行随意的保留取舍。

第4章 基础化学实验

4.1 化学分析法

实验1 酸碱标准溶液的配置和浓度比较

一、实验目的

(1)练习滴定操作,初步掌握标准确定终点的方法。

(2)练习酸碱标准溶液的配制和浓度的比较。

(3)熟悉甲基橙、酚酞指示剂的使用和终点的变化。

(4)初步掌握酸、碱指示剂的选择方法。

二、实验原理

浓盐酸易挥发,固体 NaOH 容易吸收空气中的水分和 CO_2,因此不能直接配制标准浓度的 HCl 和 NaOH 标准溶液,只能先配制近似浓度的溶液,然后用基准物质标定其准确浓度。也可用另一已知标准浓度的标准溶液滴定该溶液,再根据它们的体积比求得该溶液的浓度。

酸、碱指示剂都具有一定的变色范围。$0.1\ mol \cdot L^{-1}$ NaOH 溶液和 $0.1\ mol \cdot L^{-1}$ HCl 溶液的滴定,是强碱和强酸的滴定,其突跃范围为 pH 4～pH 10,应当选用在此范围内变色的指示剂,如甲基橙或酚酞等。NaOH 溶液和 HAc 溶液的滴定,是强碱和弱酸的滴定,其突跃范围处于碱性区域,应选用在此区域内变色的指示剂,如酚酞。

三、实验仪器和试剂

实验仪器:台秤;酸式和碱式滴定管(50 mL)各 1 支;锥形瓶(250 mL)3 个;量筒(10 mL)1 个。

试剂:浓盐酸($1.19\ g \cdot mL^{-1}$);固体 NaOH;甲基橙指示剂(0.2%)。

四、实验步骤

1. 溶液的配制

(1)$0.1\ mol \cdot L^{-1}$ HCl 溶液的配制:通过计算得出配制一定体积 $0.1\ mol \cdot L^{-1}$ HCl 溶液所需浓盐酸的体积,然后用量筒量取该体积的浓盐酸加入盛放蒸馏水的烧杯中,搅拌均匀,转入试剂瓶,加蒸馏水稀释至所需体积,摇匀,塞紧玻璃塞,贴上标签,备用。

(2)$0.1\ mol \cdot L^{-1}$ NaOH 溶液的配制:在分析天平上粗称一定量固体 NaOH 置于烧

杯中,加入一定体积新制的蒸馏水溶解,搅拌,待固体 NaOH 溶解后转入试剂瓶,加蒸馏水稀释至待配体积,摇匀,塞紧橡皮塞,贴上标签,备用。

2. 酸碱溶液相对浓度的比较

(1)用 0.1 mol·L⁻¹ NaOH 溶液润洗碱式滴定管 3 次,每次用 3～5 mL,然后将试剂瓶中的 NaOH 溶液注入碱式滴定管,调节液面至 0.00 mL 刻度处。

(2)用 0.1 mol·L⁻¹ HCl 溶液润洗酸式滴定管 3 次,每次用 3～5 mL,然后将试剂瓶中的 HCl 溶液注入酸式滴定管,调节液面至 0.00 mL 刻度处。

(3)碱式滴定管以每秒 3～4 滴的速度放出 20.00 mL 的 NaOH 溶液于 250 mL 锥形瓶中,加 0.2% 甲基橙指示剂 1 滴,用 0.1 mol·L⁻¹ HCl 溶液滴定至溶液出现橙色,30 s 内不褪色即为终点。记录消耗的 HCl 溶液的体积 V_1。平行滴定 3 次,取平均值,计算 V_{NaOH}/V_{HCl} 值。根据实验测得数据,计算得出 HCl 溶液和 NaOH 溶液浓度的比较。

(4)计算滴定的平均相对偏差,要求平均相对偏差不大于 0.2%。

五、实验数据记录与分析

数据记录见下表所列。

记录项目次数	1	2	3
NaOH 终读数/mL			
NaOH 初读数/mL			
V_{NaOH}/mL			
HCl 终读数/mL			
HCl 初读数/mL			
V_{HCl}/mL			
V_{NaOH}/V_{HCl}			
$\bar{V}_{NaOH}/\bar{V}_{HCl}$			
个别测定的绝对偏差			
相对平均偏差			

注:$\bar{V}$ 表示 V 的平均值。以后实验记录中同此,不再说明。

根据实验测得的数据计算得出 HCl 溶液和 NaOH 溶液浓度的比较。联系实验中发现的问题、误差分析,结合自己的体会加以讨论。

六、讨论和思考题

(1)标准溶液在装入滴定管前为什么要用该溶液润洗 2～3 次?用于滴定的锥形瓶和烧杯是否要干燥?是否需要用标准溶液润洗?为什么?

(2)配制 HCl 溶液和 NaOH 溶液所用的水的体积是否需要准确地量取?为什么?

(3)用 HCl 溶液滴定 NaOH 标准溶液时可否用酚酞作为指示剂?为什么?

实验 2　酸碱溶液浓度的标定

一、实验目的

(1)进一步练习滴定操作。

(2)学习酸碱溶液浓度的标定方法。

二、实验原理

标定酸溶液和碱溶液所用的基准物质有多种,本实验中各介绍一种常用的基准物质。用邻苯二甲酸氢钾($KHC_8H_4O_4$)为基准物,以酚酞为指示剂标定 NaOH 标准溶液的浓度。邻苯二甲酸氢钾的结构式为 $\begin{array}{c}\text{COOH}\\\text{COOK}\end{array}$,其中只有一个可电离的 H^+。标定时的反应式为

$$KHC_8H_4O_4 + NaOH \xrightarrow{\quad} KNaC_8H_4O_4 + H_2O$$

邻苯二甲酸氢钾作为基准物的优点:易与获得纯品;易于干燥,不吸湿;摩尔质量大,可相对降低称量误差。使用前在 110～120 ℃干燥后备用。

用无水 Na_2CO_3 为基准物标定 HCl 标准溶液的浓度。由于 Na_2CO_3 易吸收空气中的水分,因此采用市售基准试剂级的 Na_2CO_3 时应预先于 180 ℃下使之充分干燥,并保存于干燥器中。用 Na_2CO_3 标定 HCl 溶液的反应分两步进行:

$$Na_2CO_3 + HCl \xrightarrow{\quad} NaHCO_3 + HCl$$

$$NaHCO_3 + HCl \xrightarrow{\quad} NaCl + CO_2\uparrow + H_2O$$

反应完全时,突跃范围为 pH 5.0～pH 3.5,故可选用甲基橙作为指示剂。

NaOH 标准溶液与 HCl 标准溶液的浓度,一般只需标定其中一种,另一种通过 NaOH 溶液与 HCl 溶液滴定的体积比算出。标定 NaOH 溶液还是 HCl 溶液,要视采用何种标准溶液测定何种试样而定。原则上,应标定测定时所用的标准溶液,标定时的条件与测定时的条件(如指示剂和被测成分等)应尽可能一致。

三、实验仪器和试剂

实验仪器:分析天平;酸式和碱式滴定管(50 mL)各 1 支;锥形瓶(250 mL)3 个。

试剂:邻苯二甲酸氢钾($KHC_8H_4O_4$,固体分析纯);酚酞指示剂(10 g/L);HCl 溶液(约 $0.1\ mol\cdot L^{-1}$);NaOH 溶液(约 $0.1\ mol\cdot L^{-1}$);无水碳酸钠(固体分析纯);甲基橙指示剂(1 g/L)。

四、实验步骤

1. 盐酸溶液的标定

在分析天平上准确称取已烘干的无水 Na_2CO_3(0.12～0.17 g)三份,分别置于锥形瓶中,标上编号,各加蒸馏水 20～30 mL 使其溶解。将待标定的 HCl 溶液装入酸式滴定管中,调零并记录初读数,锥形瓶中加入 1～2 滴 0.2%甲基橙指示剂,边摇边用 HCl 溶

液滴定,至溶液由黄色转变为橙色,30 s 内不褪色即为终点,记下滴定所消耗 HCl 溶液的体积。平行滴定 3 份,取平均值,计算 c_{HCl} 值。

2. 氢氧化钠溶液的标定

在分析天平上准确称取 0.4~0.5 g 已烘干的 $KHC_8H_4O_4$ 三份,分别置于锥形瓶中,标上编号,各加蒸馏水入 20~30 mL 使其溶解。将待标定 NaOH 溶液装入碱式滴定管中,调零并记录初读数,锥形瓶中加入 1~2 滴酚酞指示剂,边摇边用 NaOH 溶液滴定,至溶液颜色由无色转变为红色,30 s 内不褪色即为终点,记下滴定所消耗 NaOH 溶液的体积数。平行滴定三份,取平均值,计算 C_{NaOH} 值。

3. 计算滴定的平均相对偏差

计算滴定的平均相对偏差,要求平均相对偏差不大于 0.2%。

五、实验数据记录与分析

数据记录见下表所列。

记录项目次数	1	2	3
称量瓶+$KHC_8H_4O_4$(前)/g			
称量瓶+$KHC_8H_4O_4$(后)/g			
$m_{KHC_8H_4O_4}$ 的质量/g			
NaOH 的终读数/mL			
NaOH 的初读数/mL			
V_{NaOH}/mL			
c_{NaOH}/mol·L^{-1}			
$\bar{c}_{NaOH}$/mol·L^{-1}			
个别测定的绝对偏差			
相对平均偏差			

根据实验记录数据,带入以下公式,计算得出 c_{NaOH} 值和 c_{HCl} 值。

$$c_{NaOH} = \frac{m_{KHC_8H_4O_4} \times 1000}{V_{NaOH} \times M_{KHC_8H_4O_4}}$$

$$c_{HCl} = \bar{c}_{NaOH} \times \frac{V_{NaOH}}{V_{HCl}}$$

联系实验中发现的问题进行误差分析,结合自己的体会加以讨论。

六、讨论和思考题

(1)为什么标准 HCl 溶液和 NaOH 溶液用间接法配制,而不用直接法配制?

(2)滴定初始时每次都要从零刻度附近开始为什么?

(3)在标定 NaOH 溶液时,以酚酞为指示剂,规定终点时为微红色且 30 s 未褪色即可。但当放置时间稍长,微红色褪去,这是为什么?

实验 3 碱液中 NaOH 和 Na₂CO₃ 含量的测定

一、实验目的

(1) 了解双指示剂法测定碱液中 NaOH 和 Na₂CO₃ 含量的原理。

(2) 了解混合指示剂的使用及其优点。

二、实验原理

混合碱是 NaOH 和 Na₂CO₃ 的混合物,为了用同一份试样测定各组分的含量,可用 HCl 标准溶液进行滴定。根据滴定过程中值变化的情况,选用两种不同的指示剂分别指示第一、第二等当点的到达,即所谓"双指示剂法"。此法方便、快速,在生产实际中应用普遍,常用的两种指示剂是酚酞和甲基橙。

(1) 酚酞为指示剂(红—微红)

$$HCl + NaOH =\!=\!= NaCl + H_2O$$

$$HCl + Na_2CO_3 =\!=\!= NaHCO_3 + H_2O \qquad\qquad V_1$$

(2) 甲基橙为指示剂(黄—橙)

$$HCl + NaHCO_3 =\!=\!= NaCl + H_2O + CO_2\uparrow \qquad\qquad V_2$$

当 $V_1 \neq 0$,$V_2 = 0$ 时,试样为 NaOH;当 $V_1 = 0$,$V_2 \neq 0$ 时,试样为 NaHCO₃;当 $V_1 = V_2 \neq 0$ 时,试样为 Na₂CO₃;当 $V_1 > V_2 > 0$ 时,试样为 NaOH 和 NaHCO₃ 的混合物;当 $V_1 < V_2$,$V_1 > 0$,$V_2 > 0$ 时,试样为 Na₂CO₃ 和 NaHCO₃ 的混合物。

在试液中先加酚酞指示剂,用 HCl 标准溶液滴定至红色刚刚褪去。由于酚酞指示剂的变色范围为 pH 8~pH 10,此时不仅 NaOH 完全被中和,Na₂CO₃ 也被滴定成 NaHCO₃,记下此时 HCl 标准溶液的耗用量 V_1。再加入甲基橙指示剂,溶液呈黄色,用 HCl 标准溶液继续滴定至终点时呈橙色,此时 NaHCO₃ 被滴定成 H₂CO₃,记下此时 HCl 标准溶液的耗用量为 V_2,根据 V_1、V_2 可以计算出混合碱试液中 NaOH 及 Na₂CO₃ 的含量 x,计算公式如下:

$$x_{NaOH} = \frac{(V_1 - V_2) \times c_{HCl} \times M_{NaOH}}{V_{试}}$$

$$x_{Na_2CO_3} = \frac{2V_2 \times c_{HCl} \times M_{Na_2CO_3}}{2 \times V_{试}}$$

式中:c——浓度,单位为 mol·L⁻¹;

x——NaOH 或 Na₂CO₃ 的含量,单位为 g·L⁻¹;

M——物质的摩尔质量,单位为 g·mol⁻¹;

V——溶液的体积,单位为 mL。

双指示剂中的酚酞指示剂可用甲酚红和百里酚蓝混合指示剂代替。甲酚红的变色范围为 pH 6.7(黄)~pH 8.4(红),百里酚蓝的变色范围为 pH 8.0(黄)~pH 9.6(蓝),混合后的变色点是 pH 8.3,酸色呈黄色,碱色呈紫色,在 pH 8.2 时为樱桃色,变色较敏锐。

三、实验仪器和试剂

实验仪器:酸式滴定管(50 mL)1 支;锥形瓶(250 mL)3 个;移液管(10 mL)1 支。

试剂:HCl 溶液(浓度约为 $0.1\ mol \cdot L^{-1}$);混合碱溶液;甲基橙指示剂;酚酞指示剂。

四、实验步骤

准确移取混合碱试液 10.00 mL 于 250 mL 锥形瓶中,加酚酞指示剂 1~2 滴,用 HCl 标准溶液滴定至溶液由红色刚变为无色,记下消耗 HCl 溶液的体积 V_1。在混合液中加入甲基橙指示剂 1~2 滴,继续用 HCl 溶液滴定至溶液由黄色刚变为橙色,记下第二次消耗 HCl 的体积为 V_2。平行标定 3 次,取平均值,根据 V_1、V_2 可以计算出试液中 NaOH 及 Na_2CO_3 的含量,得到 x_{NaOH} 值和 $x_{Na_2CO_3}$ 值。

五、实验数据记录与分析

数据记录见下表所列。

记录项目次数	1	2	3
$V_{混合碱试液}$/mL			
HCl 的初读数/mL			
HCl 的终读数 V_1^*/mL			
HCl 的终读数 V_2^*/mL			
消耗 HCl 的体积 V_1/mL			
消耗 HCl 的体积 V_2/mL			
x_{NaOH}			
$\overline{x}_{NaOH}$			
$x_{Na_2CO_3}$			
$\overline{x}_{Na_2CO_3}$			
个别测定的绝对偏差			
相对平均偏差			

联系实验中发现的问题进行误差分析,结合自己的体会加以讨论。

六、讨论和思考题

(1)用 HCl 溶液滴定混合碱溶液时,将试液在空气中放置一段时间后滴定,将会给测定结果带来什么影响?若到达第一化学计算点前,滴定速度过快或摇动不均匀,对测定结果有何影响?

(2)在以 HCl 溶液滴定混合碱溶液时,怎样使用甲基橙及酚酞两种指示剂来判别试液是由 NaOH - Na_2CO_3 或 Na_2CO_3 - $NaHCO_3$ 组成的?

实验 4　EDTA 标准溶液的配制和标定

一、实验目的

(1)学习 EDTA 标准溶液的配制和标定方法。

(2)掌握配位滴定的原理,了解配位滴定的特点。

(3)熟悉钙指示剂或二甲酚橙指示剂的使用。

二、实验原理

乙二胺四乙酸(简称 EDTA,常用 H_4Y 表示)难溶于水,常温下其溶解度为 0.2 $g \cdot L^{-1}$(约 0.0007 $mol \cdot L^{-1}$),在分析中通常使用其二钠盐配制标准溶液。乙二胺四乙酸二钠盐的溶解度为 120 $g \cdot L^{-1}$,可配制成 0.3 $mol \cdot L^{-1}$ 以上的溶液,其水溶液的 $pH \approx 4.8$,通常采用间接法配制标准溶液。

标定 EDTA 溶液常用的基准物有 Zn、ZnO、$CaCO_3$、Bi、Cu、$MgSO_4 \cdot 7H_2O$、Hg、Ni、Pb 等。通常选用其中与被测物组分相同的物质作基准物,这样,滴定条件较一致,可减小误差。

EDTA 溶液若用于测定石灰石或白云石中 CaO、MgO 的含量,则宜用 $CaCO_3$ 为基准物,首先可加 HCl 溶液,其反应成为

$$CaCO_3 + 2HCl \Longrightarrow CaCl_2 + CO_2 \uparrow + H_2O$$

然后把溶液转移到容量瓶中并稀释,制成钙标准溶液。吸取一定量钙标准溶液,调节酸度至 $pH \geqslant 12$,用钙指示剂,以 EDTA 溶液滴定至溶液由酒红色变为纯蓝色,即为终点。其变色原理如下:

钙指示剂(常以 H_3Ind 表示)在水溶液中解离的反应式为

$$H_3Ind \Longrightarrow 2H^+ + HInd^{2-}$$

在 $pH \geqslant 12$ 的溶液中,$HInd^{2-}$ 与 Ca^{2+} 形成比较稳定的配离子,其反应式为

$$HInd^{2-} + Ca^{2+} \Longrightarrow CaInd^- + H^+$$

　　　　　　　纯蓝色　　　　　　　　酒红色

所以在钙标准溶液中加入钙指示剂时,溶液呈酒红色。当用 EDTA 溶液滴定时,由于 EDTA 能与 Ca^{2+} 形成比 $CaInd^-$ 配离子更稳定的配离子,因此在滴定终点附近,$CaInd^-$ 配离子不断转化为较稳定的 CaY^{2-} 配离子,而钙指示剂则被游离了出来,其反应式为

$$CaInd^- + H_2Y^{2-} + OH^- \Longrightarrow CaY^{2-} + HInd^{2-} + H_2O$$

　　酒红色　　　　　　　　　　　　无色　　　纯蓝色

用此法测定钙时,若有 Mg^{2+} 共存(在调节溶液酸度为 pH≥12 时,Mg^{2+} 将形成 $Mg(OH)_2$ 沉淀),则 Mg^{2+} 不仅不干扰钙的测定,而且使终点比 Ca^{2+} 单独存在时更敏锐。当 Ca^{2+}、Mg^{2+} 共存时,终点由酒红色到纯蓝色,当 Ca^{2+} 单独存在时则由酒红色到紫蓝色。所以测定单独存在的 Ca^{2+} 时,常常加入少量 Mg^{2+}。

EDTA 溶液若用于测定 Pb^{2+}、Bi^{3+},则宜以 ZnO 或金属锌为基准物,以二甲酚橙为指示剂。在 pH≈5~6 的溶液中,二甲酚橙指示剂本身显黄色,与 Zn^{2+} 的配合物呈紫红色。EDTA 与 Zn^{2+} 形成更稳定的配合物,因此用 EDTA 溶液滴定至终点时,二甲酚橙被游离了出来,溶液由紫红色变为黄色。

配位滴定中所用的水,应不含 Fe^{3+}、Al^{3+}、Cu^{2+}、Ca^{2+}、Mg^{2+} 等杂质离子。

三、实验仪器和试剂

实验仪器:分析天平;酸式滴定管(50 mL)1 支;锥形瓶(250 mL)3 个;移液管(25 mL/15 mL)各 1 支;容量瓶(250 mL)1 个;量筒(10 mL/50 mL)各 1 个。

试剂:乙二胺四乙酸二钠(固体,AR);碳酸钙(固体,GR 或 AR);$NH_3 \cdot H_2O$(1:1);HCl(1:1 溶液);NaOH 溶液(100 g·L^{-1});镁溶液(溶解 1 g $MgSO_4 \cdot 7H_2O$ 于水中,稀释至 200 mL);钙指示剂(固体指示剂)。

四、实验步骤

1. 0.02 mol·L^{-1} EDTA 溶液的配制

在分析天平上称取乙二胺四乙酸二钠 7.6 g 于烧杯中,加 300~400 mL 温水中,稀释至 1 L,如浑浊,应过滤。转移至 1000 mL 细口瓶中,摇匀,备用。

2. 以 $CaCO_3$ 为基准物标定 EDTA 溶液

(1)0.02 mol·L^{-1} 钙标准溶液的配制

在分析天平上准确称取 0.5~0.6 g(称准至小数点后第四位,为什么?)的 $CaCO_3$(已在 110 ℃ 干燥 2 h,并置于干燥皿中冷却后)于小烧杯中,盖上表面皿。先用少量蒸馏水润湿碳酸钙粉体,然后沿烧杯嘴逐滴滴加数毫升 1:1 HCl 溶液溶解 $CaCO_3$(要边滴加 HCl 溶液边轻轻摇动烧杯,每加几滴后,待气泡停止发生,再继续滴加),小火加热煮沸至不冒小气泡为止。冷却至室温,用水冲洗表面皿和烧杯内壁,然后小心地将溶液全部移入 250 mL 容量瓶中(操作应小心仔细,不可使 Ca^{2+} 损失),稀释至刻度,摇匀,备用。

(2)EDTA 溶液的标定

用移液管准确移取 25.00 mL 钙标准溶液,置于 250 mL 锥形瓶中,分别加入 25 mL 水、2 mL 镁溶液、5 mL 100 g·L^{-1} NaOH 溶液(若溶液出现浑浊,则应适当多加入去离子水),再加入约 10 mg(绿豆大小)钙指示剂,摇匀后,立即用待标定的 EDTA 溶液滴定至溶液颜色由红色变为蓝色(颜色的深浅与加入的钙指示剂的量有关),即为终点。平行滴定 3 次,记下消耗 EDTA 溶液的体积,计算 EDTA 溶液的浓度(mol·L^{-1})及其相对平均偏差。

五、实验数据记录与分析

数据记录见下表所列。

记录项目次数	1	2	3
m_{CaCO_3}/g			
$V_{CaCO_3 溶液}/mL$			
V_{EDTA} 的终读数/mL			
V_{EDTA} 的初读数/mL			
V_{EDTA}/mL			
$c_{EDTA}/mol \cdot L^{-1}$			
$\bar{c}_{EDTA}/mol \cdot L^{-1}$			
个别测定的绝对偏差			
相对平均偏差			

联系实验中发现的问题关于误差分析,结合自己的体会加以讨论。

六、讨论和思考题

(1)配位反应速度较慢,因此滴定时加入 EDTA 溶液的速度不能太快,特别是临近终点时,应逐滴加入,并充分振摇。

(2)滴定应在 30~40 ℃进行,若室温太低,应将溶液略微加热。

(3)若水样中有微量铁、铝存在,可加入 5 mL(1∶1)三乙醇胺掩蔽。但水样含铁且超过 10 mg·L^{-1}时,掩蔽有困难,需用水稀释到含 Fe^{3+}不超过 10 mg·L^{-1}、含 Fe^{2+}不超过 7 mg·L^{-1}。

(4)如果 EDTA 溶液在长期贮存中因浸蚀玻璃而含有少量 CaY^{2-}、MgY^{2-},那么在 pH>12 的碱性溶液中用 Ca^{2+}标定或在 pH 为 5~6 的酸性介质中用 Zn^{2+}标定,所得结果是否一致? 为什么?

(5)配位滴定法与酸碱滴定法相比,有哪些不同点? 操作中应注意哪些问题?

实验 5　水的硬度测定(配位滴定法)

一、实验目的

(1)了解水的硬度的测定意义和常用的硬度表示方法。

(2)掌握 EDTA 配位滴定法测定水的硬度的原理和方法。

(3)掌握铬黑 T 和钙指示剂的应用,了解金属指示剂的特点。

二、实验原理

一般含有钙、镁盐类的水叫硬水(硬水和软水尚无明确的界限,硬度小于 5°的一般可称软水)。硬度有暂时硬度和永久硬度之分。

暂时硬度——水中含有钙、镁的酸式碳酸盐,遇热即成碳酸盐沉淀而失去其硬度。其反应式为

$$Ca(HCO_3)_2 \xrightarrow{\triangle} CaCO_3(完全沉淀) + H_2O + CO_2 \uparrow$$

$$Mg(HCO_3)_2 \xrightarrow{\triangle} MgCO_3(不完全沉淀) + H_2O + CO_2 \uparrow$$
$$\qquad\qquad\qquad \underset{+H_2O}{\bigsqcup} Mg(OH)_2 \downarrow + CO_2 \uparrow$$

永久硬度——水中含有钙、镁的硫酸盐、氯化物、硝酸盐,在加热时亦不沉淀(但在锅炉运行温度下,溶解度低的可析出而成为锅垢)。

暂时硬度和永久硬度的总称为"总硬"。由镁离子形成的硬度称为"镁硬",由钙离子形成的硬度称为"钙硬"。

水中钙、镁离子含量,可用 EDTA 配位滴定法测定。钙硬测定原理与以 $CaCO_3$ 为基准物标定 EDTA 标准溶液浓度相同。总硬则以铬黑 T 为指示剂,控制溶液 pH≈10,以 EDTA 标准溶液滴定之。由 EDTA 溶液的浓度和用量可算出水的总硬,由总硬减去钙硬即为镁硬。

水的硬度的表示方法有多种,随各国的习惯而有所不同。有将水中的盐类都折算成 $CaCO_3$ 而以 $CaCO_3$ 的量作为硬度标准的,也有将盐类合算成 CaO 而以 CaO 的量来表示的。本书采用我国目前常用的表示方法:以度(°)计,1 硬度单位表示十万份水中含 1 份 CaO,即 $1° = 10^{-5}\,mg \cdot L^{-1}\,CaO$。

$$硬度(°) = \dfrac{c_{EDTA} \times V_{EDTA} \times \dfrac{M_{CaO}}{1000}}{V_{水}} \times 10^5$$

式中:c_{EDTA}——EDTA 标准溶液的浓度,单位为 $mol \cdot L^{-1}$;

　　V_{EDTA}——滴定时用去的 EDTA 标准溶液的体积,单位为 mL(若此量为滴定总硬时所耗用的,则所得硬度为总硬;若此量为滴定钙硬时所耗用的,则所得硬度为钙硬);

　　$V_{水}$——水样体积,单位为 mL;

　　M_{CaO}——CaO 的摩尔质量,单位为 $g \cdot mol^{-1}$。

三、实验仪器和试剂

实验仪器:酸式滴定管(50 mL)1 支;锥形瓶(250 mL)3 个;移液管(25 mL/10 mL)各 1 支;量筒(10 mL/5 mL)各 1 个。

试剂:EDTA 标准溶液(约 0.02 mol·L⁻¹);$NH_3 - NH_4Cl$ 缓冲溶液(pH≈10,54 g NH_4Cl 溶于适量蒸馏水中,加浓氨水 350 mL,加蒸馏水稀释至 1 L);NaOH 溶液(100 g·L⁻¹);钙指示剂;铬黑 T 指示剂(1%)。

四、实验步骤

1. 总硬的测定

用移液管移取 10.00 mL 水样(不是自来水,不是纯水!)于 250 mL 锥形瓶中,加 5 mL $NH_3 - NH_4Cl$ 缓冲溶液,摇匀,再加入 1～2 滴铬黑 T 指示剂,再摇匀,此时溶液呈酒红色。用 EDTA 标准溶液滴定待测水样至溶液颜色由酒红色变为纯蓝色,即为终点。记下消耗 EDTA 标准溶液的体积。平行滴定 3 次,取平均值,计算水的总硬度。

2. 钙硬的测定

用移液管移取 25.00 mL 水样(不是自来水,不是纯水!)于 250 mL 锥形瓶中。加入 5 mL 100 g·L^{-1} NaOH 溶液,摇匀,再加入 10 mg 钙指示剂,再摇匀。用已标定的 EDTA 标准溶液滴定待测水样至溶液颜色由酒红色变为纯蓝色,即为终点。平行滴定 3 次,取平均值,计算水的钙硬。

3. 镁硬的确定

由总硬减去钙硬即得镁硬。

五、实验数据记录与分析

数据记录见下表所列

记录项目次数	1	2	3
m_{CaCO_3}/g			
$V_{CaCO_3溶液}$/mL			
V_{EDTA} 的终读数/mL			
V_{EDTA} 的初读数/mL			
V_{EDTA}/mL			
c_{EDTA}/mol·L^{-1}			
$\bar{c}_{EDTA}$/mol·L^{-1}			
个别测定的绝对偏差			
相对平均偏差			

联系实验中发现的问题进行误差分析,结合自己的体会加以讨论。

六、讨论和思考题

(1)用 EDTA 配位滴定法测定水的硬度时,哪些离子的存在有干扰? 如何消除?

(2)以铬黑 T 为指示剂用 EDTA 标准溶液滴定水中 Ca^{2+}、Mg^{2+} 总量时,为什么必须用缓冲溶液控制溶液 pH 值为 10?

实验 6　过氧化氢含量的测定(高锰酸钾法)

一、实验目的

(1)掌握应用高锰酸钾法测定过氧化氢含量的原理和方法。

(2)掌握高锰酸钾标准溶液的配制和标定方法。

二、实验原理

工业品过氧化氢(俗名双氧水)的含量可用高锰酸钾法测定。在稀硫酸溶液中,室温条件下,H$_2$O$_2$ 被 KMnO$_4$ 定量地氧化,其反应式为

$$5H_2O_2 + 2MnO_4^- + 6H^+ = 2Mn^{2+} + 5O_2\uparrow + 8H_2O$$

根据高锰酸钾溶液的浓度和滴定所耗用的体积,可以算得溶液中过氧化氢的含量。

市售的 H_2O_2 约为 30％的水溶液,极不稳定,滴定前需先用去离子水稀释到一定浓度,以减少取样误差。在要求较高的测定中,由于商品双氧水中常加入少量乙酰苯胺等有机物质作稳定剂,此类有机物也会消耗 $KMnO_4$ 而造成误差,此时,可改用碘量法测定。

高锰酸钾是常用的氧化剂之一。市售的高锰酸钾常含有少量杂质,如硫酸盐、氯化物及硝酸盐等,因此不能用精确称量的高锰酸钾来直接配制标准浓度的溶液。用 $KMnO_4$ 配制的溶液要在暗处放置数天,待 $KMnO_4$ 把还原性杂质充分氧化后,再除去生成的 MnO_2 沉淀,标定其标准浓度。光线、Mn^{2+} 和 MnO_2 等都能促进 $KMnO_4$ 分解,故配好的 $KMnO_4$ 应除尽杂质,并保存于暗处。

$KMnO_4$ 标准溶液常用还原剂 $Na_2C_2O_4$ 作基准物来标定。$Na_2C_2O_4$ 不含结晶水,容易精制。在加热条件下的酸性介质中,用 $Na_2C_2O_4$ 标定 $KMnO_4$ 溶液的反应式为

$$2MnO_4^- + 5Na_2C_2O_4 + 6H^+ \Longrightarrow 2Mn^{2+} + 10CO_2\uparrow + 8H_2O$$

滴定时可利用 MnO_4^- 本身的颜色指示滴定终点。

三、实验仪器和试剂

实验仪器:分析天平;酸式滴定管(50 mL)1 支;锥形瓶(250 mL)3 个;移液管(10 mL/15 mL)各 1 支;量筒(10 mL)1 个。

试剂:$KMnO_4$(固体,分析纯);$Na_2C_2O_4$(固体 AR 或基准试剂,于 105 ℃干燥 2 h 后备用);H_2SO_4 溶液(2 mol·L^{-1});$MnSO_4$ 溶液(1 mol·L^{-1});H_2O_2 样品(浓度约为 3％)。

四、实验步骤

1. 0.02 mol·L^{-1} $KMnO_4$ 溶液的配制

称取固体 $KMnO_4$ 约 1.6 g 溶于 500 mL 蒸馏水中,盖上表面皿,加热至沸,并保持微沸状态 1 h,冷却后,用微孔玻璃漏斗(3 号或 4 号)过滤。滤液贮存于带玻璃塞棕色试剂瓶中,将溶液在室温条件下静置 2～3 天后过滤除去 MnO_2 杂质,备用。

2. $KMnO_4$ 溶液浓度的标定

准确称取 0.15～0.20 g(称准至 0.0002 g)干燥过的 $Na_2C_2O_4$ 基准物,置于 250 mL 锥形瓶中,加 10 mL 蒸馏水使之溶解,加入 15 mL 2 mol·L^{-1} H_2SO_4 溶液,并加热至有蒸气冒出(75～85 ℃),趁热用待标定的 $KMnO_4$ 溶液滴定。开始滴定时反应速度慢,每加入一滴 $KMnO_4$ 溶液,都摇动锥形瓶,待 $KMnO_4$ 溶液颜色褪去后再继续滴定。溶液中产生了 Mn^{2+} 后,滴定速度可逐渐加快,但临近终点时滴定速度要减慢,同时充分摇匀,直到溶液呈现微红色并持续 30 s 不褪色即为终点,记录滴定所消耗的 $KMnO_4$ 溶液的体积。根据 $Na_2C_2O_4$ 基准物的质量和消耗 $KMnO_4$ 溶液的体积,计算 $KMnO_4$ 溶液的浓度。平行滴定 3 次,取平均值。

3. H_2O_2 含量的测定

用吸量管吸取 1.00 mL H_2O_2 样品置于 100 mL 容量瓶中,加蒸馏水稀释至刻度,充分摇匀,放置备用。用移液管移取 10.00 mL 稀释液置于 250 mL 锥形瓶中,加入 15 mL 2 mol·L^{-1} H_2SO_4 溶液和 2～3 滴 1 mol·L^{-1} $MnSO_4$ 溶液,用 $KMnO_4$ 标准溶液滴定至

溶液呈微红色,并在 30 s 内不褪色即为终点。记录滴定时消耗 $KMnO_4$ 溶液的体积。平行测定 3 份。

根据 $KMnO_4$ 溶液的浓度和滴定过程所消耗的 H_2O_2 稀释液的体积以及滴定前样品的稀释情况,计算样品中 H_2O_2 的含量($g \cdot L^{-1}$)。

五、实验数据记录与分析

数据记录表 4-1、表 4-2 所列。

表 4-1　$KMnO_4$ 溶液浓度的标定

记录项目次数	1	2	3
$m_{Na_2C_2O_4}/g$			
V_{KMnO_4} 终读数/mL			
V_{KMnO_4} 初读数/mL			
V_{KMnO_4}/mL			
$C_{KMnO_4}/mol \cdot L^{-1}$			
$\bar{V}_{KMnO_4}/mol \cdot L^{-1}$			
个别测定的绝对偏差			
相对平均偏差			

表 4-2　H_2O_2 含量的测定

记录项目次数	1	2	3
$V_{H_2O_2}/mL$			
V_{KMnO_4} 终读数/mL			
V_{KMnO_4} 初读数/mL			
V_{KMnO_4}/mL			
$c_{KMnO_4}/mol \cdot L^{-1}$			
$\bar{c}_{KMnO_4}/mol \cdot L^{-1}$			
个别测定的绝对偏差			
相对平均偏差			

根据实验测得数据,计算得出 $KMnO_4$ 溶液的浓度和样品中 H_2O_2 的含量。

联系实验中发现的问题进行误差分析,结合自己的体会加以讨论。

六、讨论和思考题

(1)用 $Na_2C_2O_4$ 为基准物质标定 $KMnO_4$ 溶液时,应注意哪些重要的反应条件?

(2)过滤 $KMnO_4$ 溶液为什么要用砂芯漏斗而不用滤纸?

（3）用 $Na_2C_2O_4$ 标定 $KMnO_4$ 溶液浓度时，为什么必须在 H_2SO_4 的存在下进行？HCl 或 HNO_3 可以吗？酸度过高或过低有什么影响？为什么要加热至 $75\sim85\ ℃$ 才能滴定？溶液温度过高或过低有什么影响？

（4）盛放 $KMnO_4$ 溶液的滴定管或容器放置较久之后，其壁上常有不易洗去的棕色沉淀是什么？应该怎样洗涤？

（5）标定 $KMnO_4$ 溶液时，为什么第一滴 $KMnO_4$ 溶液加入后溶液的红色褪去很慢，而以后红色褪去越来越快？

4.2　电化学分析法

实验 7　$K_2Cr_2O_7$ 电位滴定硫酸亚铁铵溶液

一、实验目的

（1）学习电位滴定的基本原理和操作，熟悉电位计的使用。

（2）熟悉 $K_2Cr_2O_7$ 滴定 Fe^{2+} 过程中电池电动势（或电极电位）变化的规律；绘制电位滴定曲线，确定滴定终点并计算 Fe^{2+} 溶液的浓度。

（3）测定 Fe^{3+}/Fe^{2+} 电对在不同介质中的条件电极电位。

二、实验原理

电位滴定法是根据滴定过程中指示电极电位的突跃来确定滴定终点的一种滴定分析方法。

用 $K_2Cr_2O_7$ 溶液滴定 Fe^{2+} 的反应式为

$$Cr_2O_7^{2-}+6Fe^{2+}+14H^+ = 2Cr^{3+}+6Fe^{3+}+7H_2O$$

对于这类氧化还原滴定可用铂电极作指示电极，饱和甘汞电极（SCE）作参比电极组成原电池。

电池电动势：

$$E_{MF}=E^+-E^-=E_{Pt}-E_{SCE}$$

铂电极是惰性金属电极（常称为零类金属电极，又称氧化还原电极），其电极电位和溶液中氧化还原电对（Ox/Red）的活度比 $\left(\dfrac{a_{Ox}}{a_{Red}}\right)$ 之间存在 Nernst 关系。对于 Fe^{3+}/Fe^{2+} 来说，以下关系成立：

$$E_{Pt}=E_{Fe^{3+}/Fe^{2+}}=E'^{\ominus}_{Fe^{3+}/Fe^{2+}}+0.0592\lg\frac{c_{Fe^{3+}}}{c_{Fe^{2+}}}$$

滴定过程中，$\dfrac{c_{Fe^{3+}}}{c_{Fe^{2+}}}$ 随着滴定剂的加入而变化，因此电极电位(E)和电池电动势(E_{MF})也随之变化，在计量点附件产生突跃，以 E_{MF}(或 E)对滴定剂的加入量($V_{K_2Cr_2O_7}$)作图即可得到电位滴定曲线。

由电位滴定曲线可得到滴定终点和 Fe^{3+}/Fe^{2+} 电对的条件电极电位($E'^{\ominus}_{Fe^{3+}/Fe^{2+}}$)。该滴定也可用氧化还原剂(比如邻苯氨基苯甲酸和邻二氮杂菲-亚铁)指示终点。

三、实验仪器和试剂

实验仪器：精密酸度计；铂电极和饱和甘汞电极各 1 支；移液管(10 mL)1 支；烧杯(150 mL)1 个；酸式滴定管(50 mL)1 支；量筒(10 mL)1 个。

试剂：$K_2Cr_2O_7$ 标准溶液($c_{\frac{1}{6}K_2Cr_2O_7} = 0.0100\ mol \cdot L^{-1}$)；$FeSO_4 \cdot (NH_4)_2SO_4$ 溶液(称取 4 g $FeSO_4 \cdot (NH_4)_2SO_4 \cdot 6H_2O$，加 15 mL 2 mol $\cdot L^{-1}H_2SO_4$ 溶液和少量水使之溶解，再用水稀释至 1 L)；2 mol $\cdot L^{-1}H_2SO_4$ 溶液；6 mol $\cdot L^{-1}HCl$ 溶液。

四、实验步骤

(1)准备好铂电极和饱和甘汞电极，在滴定管中加入 $K_2Cr_2O_7$ 标准溶液。

(2)用移液管准确移取 10.00 mL 待测定的 $FeSO_4 \cdot (NH_4)_2SO_4$ 溶液于 150 mL 烧杯中，加 15 mL 2 mol $\cdot L^{-1}H_2SO_4$ 溶液，再加 30 mL 蒸馏水，将饱和甘汞电极和铂电极插入溶液，放入铁芯搅拌子，开动搅拌器，待电位稳定后，记录溶液的起始电池电动势(mV)，然后用 $K_2Cr_2O_7$ 标准溶液滴定，记录当滴定剂为 0.00 mL、1.00 mL、2.00 mL、3.00 mL、4.00 mL、4.40 mL、4.50 mL、4.60 mL、4.70 mL、4.80 mL、4.90 mL、5.00 mL、5.10 mL、5.20 mL、5.30 mL、6.00 mL、8.00 mL、10.00 mL 时，溶液的电位值(注意要待电位稳定后再记录数据)。

记录和 $V_{K_2Cr_2O_7}$ 对应的 E_{MF} 值。开始阶段和"突跃"以后每加入 1.00 mL $K_2Cr_2O_7$ 溶液测量一次相应的 E_{MF} 值，"突跃"部分，每隔 0.10 mL 测定一次相应的 E_{MF} 值，直至 $K_2Cr_2O_7$ 过量 100%。

(3)关闭仪器和搅拌器电源，清洗滴定管、电极和烧杯，并放回原处。

(4)由以上实验数据绘制 E_{MF}-$V_{K_2Cr_2O_7}$ 电位滴定曲线(图 4-1，以下简称"E-V 曲线")，确定滴定终点(V_{ep})，计算硫酸亚铁铵溶液的浓度。

(5)准确吸取 10.00 mL 硫酸亚铁铵溶液，加入 10 mL 6 mol $\cdot L^{-1}HCl$ 溶液，以替代上一次实验中所加入的 15 mL 2 mol $\cdot L^{-1}H_2SO_4$ 溶液，重复实验(1)~(4)。由实验测定的电位滴定曲线同样可得到相应介质的 $E_{Fe^{3+}/Fe^{2+}}$ 值，并与文献值比较(表 4-3)。

表 4-3　Fe^{3+}/Fe^{2+} 的条件电极电位

$E'^{\ominus}_{Fe^{3+}/Fe^{2+}}$ /V	介质
0.68	1 mol $\cdot L^{-1}H_2SO_4$
0.68	1 mol $\cdot L^{-1}HCl$

五、实验数据记录与分析

数据记录见下表所列。

$V_{K_2Cr_2O_7}$ /mL	0.0	1.0	2.0	3.0	4.0	4.4	4.5	4.6	4.7
E/mV									
$V_{K_2Cr_2O_7}$ /mL	4.8	4.9	5.0	5.1	5.2	5.3	6.0	8.0	10.0
E/mV									

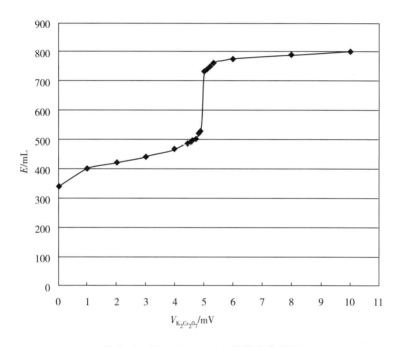

图 4 - 1　$E_{MF} - V_{K_2Cr_2O_7}$ 电位滴定曲线图

$E - V$ 曲线上拐点对应的体积即为滴定终点时所消耗标准滴定溶液的体积。

现象：随着 $K_2Cr_2O_7$ 溶液的加入，指示滴定终点时，电位发生突跃。

在上述电位滴定曲线上找到与 $\frac{1}{2}V_{ep}$ 所对应的 E_{MF} 值，此值与 E_{SCE} 之和即为该介质中 Fe^{3+}/Fe^{2+} 电对的条件电极电位 $E_{Fe^{3+}/Fe^{2+}}$。

六、讨论和思考题

(1)为什么氧化还原滴定可以用铂电极作指示电极？

(2)$Cr_2O_7^{2-}/Cr^{3+}$ 电对的条件电极电位能否用本实验的方法测定？为什么？

(3)由本实验的数据能否绘制溶液电位(E)和滴定剂加入量(V)的关系曲线？由 $E - V$ 电位滴定曲线如何求出 $E'^{\ominus}_{Fe^{3+}/Fe^{2+}}$？

(4)本实验中为何要加 H_2SO_4 溶液？

(5)如何配制 $C_{\frac{1}{6}K_2Cr_2O_7} = 0.0100 \ mol \cdot L^{-1}$ 的 $K_2Cr_2O_7$ 标准溶液？该溶液的浓度若用 $c_{K_2Cr_2O_7}$ 表示应为多少 $mol \cdot L^{-1}$？

实验 8　牙膏中微量氟的测定

一、实验目的

(1)了解精密酸度计及氟离子选择性电极的基本结构及工作原理。

(2)掌握离子选择性电极的电位测定法。

(3)学会电位分析中标准曲线法及标准加入法两种定量方法。

二、实验原理

牙膏中的微量氟对人的牙齿具有保健作用,使用含氟牙膏可以防止龋齿,但过量的氟会对人体造成危害。采用离子选择电极法可对牙膏中微量氟进行测定。

离子选择性电极是一种电化学传感器,它能将溶液中待定离子的活度转换成相应的电位。实验以饱和甘汞电极为参比电极,氟离子选择性电极为指示电极,当溶液总离子强度等条件一定时,氟离子浓度为 $10^0 \sim 10^{-6}$ mol·L^{-1},电池电动势(或氟电极的电极电位)与 pF($=-\lg[F]$)呈线性关系,可用标准曲线法或标准加入法定量测定。

凡能与氟离子生成稳定配合物或难溶沉淀的离子(如 Al^{3+}、Fe^{3+}、Ca^{2+}、H^+、OH^-等)会干扰测定,通常采用柠檬酸、磺基水杨酸、EDTA 等掩蔽剂掩蔽,并将 pH 控制在 5~6 进行测定。

三、实验仪器和试剂

实验仪器:精密酸度计;氟离子选择性电极;饱和甘汞电极;磁力搅拌器;移液管(2 mL、5 mL、10 mL)若干;容量瓶(50 mL)7 个;烧杯(50 mL)2 个。

试剂:氟标准储备液(100 μg·mL^{-1},准确称取于 120 ℃干燥 2 h 的 NaF(AR)0.2210 g,溶于去离子水中,移入 1000 mL 容量瓶中,用去离子水稀释至刻度,摇匀,转入洁净、干燥的塑料瓶中贮存,备用);氟标准溶液(10 μg·mL^{-1}),将上述氟标准储备液用去离子水稀释 10 倍即得;总离子强度调节缓冲溶液(TISAB),在 1000 mL 烧杯中加入 500 mL 去离子水,再加入 57 mL 冰醋酸、12 g 柠檬酸钠、58 g NaCl,搅拌使之溶解,将烧杯置于冷水浴中,在酸度计上,用 NH$_3$·H$_2$O(1∶1)将溶液调至 pH 5.0~pH 5.5,将烧杯自冷水浴中取出放至室温,最后用去离子水稀释至 1 L;NH$_3$·H$_2$O 溶液(1∶1);HNO$_3$ 溶液(1∶99);样品(含氟牙膏)。

四、实验步骤

1. 标准曲线的绘制

1)标准溶液的配制

分别准确移取氟标准溶液(10 μg·mL^{-1})0.00 mL、2.00 mL、4.00 mL、6.00 mL、8.00 mL、10.00 mL 于 6 个 50 mL 容量瓶中,加入 TISAB 10 mL,用去离子水稀释至刻度,摇匀,即得到浓度分别为 0.00 μg·mL^{-1}、0.40 μg·mL^{-1}、0.80 μg·mL^{-1}、0.12 μg·mL^{-1}、0.16 μg·mL^{-1}、2.00 μg·mL^{-1}的标准系列溶液。

2)标准曲线的绘制

将标准系列溶液中最低浓度的溶液转入干燥塑料杯中,浸入指示电极和参比电极,在电磁搅拌下,每隔 30 s 读取一次电池电动势(E),直至 1 min 内读数基本不变(<1 mV),记录其对应的 E 值。从低浓度到高浓度逐一测试,并计算出回归方程。

2. 样品测定

1)样品测试溶液的制备

准确称取 $0.5 \sim 1.0$ g 样品(精确至 0.0001 g)于 50 mL 烧杯中,加入 10 mL 去离子水和 2 mL HNO_3(1∶99),充分搅拌 $2 \sim 3$ min,过滤,用 50 mL 容量瓶收集滤液,以少量去离子水洗涤烧杯及滤纸 $3 \sim 4$ 次,洗液并入滤液,用去离子水稀释至刻度,摇匀,备用。

2)样品测定

取样品测试溶液 5.00 mL 于 50 mL 容量瓶中,加入 TISAB 溶液 10 mL,用去离子水稀释至刻度,摇匀,全部转入一干燥塑料杯中,按"标准曲线的绘制"的方法测定得到 E_x 值,再准确加入 0.50 mL 氟标准储备液($100\ \mu g \cdot mL^{-1}$),继续测定得到 E_1。

五、实验数据记录与分析

计算含氟牙膏中氟含量

(1)标准曲线法:将样品测定中测得的 E_x 值代入线性回归方程,计算测试溶液中氟的浓度,并根据样品的取样量及样品测试溶液总体积计算出样品中氟含量($mg \cdot g^{-1}$)。

(2)标准加入法:将样品测定中测得的 E_x、E_1 值代入下式,计算测试溶液中氟的质量浓度 ρ_x($\mu g \cdot mL^{-1}$)

$$\rho_x = \triangle\rho(10^{\triangle E/S} - 1)^{-1}$$

式中:$\triangle\rho = \rho_s V_s / V_x$;

　　　ρ_s——加入的标准溶液质量浓度,单位为 $\mu g \cdot mL^{-1}$;

　　　V_s——加入的标准溶液体积,单位为 mL;

　　　V_x——测试溶液的体积,单位为 mL;

　　　S——实验所得的标准曲线的斜率,即 $\lg[F^-]$(或 pF)改变一个单位对应的电池电动势的变化(mV)。

　　　$\triangle E$——$E_1 - E_x$(mV)。

再根据样品的取样量及样品测试溶液的总体积计算出样品中氟含量($mg \cdot g^{-1}$)。

比较两种方法的计算结果,并分析误差原因。

六、讨论和思考题

(1)离子选择性电极响应的是离子的活度还是浓度?若要测得离子的浓度,应该采取哪些措施?

(2)总离子强度调节缓冲剂有什么作用?它包括哪些组分?

(3)试述本实验中样品处理的过程。样品处理中应当注意什么问题?

实验 9　库伦滴定法测定硫代硫酸钠的浓度

一、实验目的
(1)掌握库仑滴定法的原理及化学指示剂指示终点的方法。
(2)学习库仑滴定的基本操作技术。
(3)应用法拉第定律求算未知物的浓度。

二、实验原理
在酸性介质中,用 $0.1\ mol \cdot L^{-1}$ KI 在 Pt 阳极上电解,产生"滴定剂"I_2 来滴定 $S_2O_3^{2-}$,用淀粉指示终点。通过电解所消耗的库仑数计算 $Na_2S_2O_3$ 溶液的浓度。

使碘离子在铂阳极上氧化为碘,然后与试液中 $S_2O_3^{2-}$ 作用,工作电极对的电极反应式为

$$阳极 \qquad 2I^- \Longrightarrow I_2 + 2e$$

$$阴极\ 2H^+ + 2e \Longrightarrow H_2$$

滴定反应式为

$$I_2 + 2S_2O_3^{2-} \Longrightarrow S_4O_6^{2-} + 2I^-$$

可用淀粉指示剂指示终点。当 $S_2O_3^{2-}$ 全部被氧化为 $S_4O_6^{2-}$ 后,过量的碘将在指示电极上析出,溶液出现淀粉蓝,停止电解。根据电解产生碘时所消耗的电量,即可按法拉第定律计算溶液中 $Na_2S_2O_3$ 的含量。

三、实验仪器和试剂
实验仪器:恒电流库仑滴定装置 1 套;铂电极 2 支;磁力搅拌器;移液管;烧杯。

试剂:KI 溶液($0.1\ mol \cdot L^{-1}$,称取 1.7 g KI 溶于 100 mL 去离子水中,摇匀,待用);未知 $Na_2S_2O_3$ 溶液;淀粉溶液(0.1%)。

四、实验步骤
(1)连接线路。Pt 工作电极接库仑仪的正极,Pt 辅助电极接负极,并把它装在玻璃套管中。电解池中加入 5 mL $0.1\ mol \cdot L^{-1}$ KI 溶液,放入搅拌子,插入 2 支 Pt 电极并加入适量去离子水使电极恰好浸没,玻璃套管中也加入适量 KI 溶液,加入 3 mL 0.1%淀粉溶液指示终点。若溶液变蓝,做实验步骤(2);若不变蓝,直接做实验步骤(3)。

(2)溶液的调零。该步骤是为了除去 KI 溶液在放置过程中可能已经氧化所产生的 I_2,滴加几滴稀 $Na_2S_2O_3$,使溶液的蓝色褪去。设置电解电流为 10 mA,开始电解,溶液变蓝时为终点,此时仪器读数为消耗的库仑数(不必记录,调零时所清除的是溶液中原有的杂质物质),复零。

(3)测量。移取试液 5.00 mL(由试液含 $Na_2S_2O_3$ 量决定,V 为 0.1~10 mL),置于电解杯中,开始电解。电解至终点,记下所消耗的毫库仑数。

(4)重测 2 次。

(5)关闭搅拌器,清洗电解杯和电极。

五、实验数据记录与分析

1. 计算 $Na_2S_2O_3$ 的浓度

$$Q=It$$

$$t_{平均}=(t_1+t_2+t_3)/3=(72\ s+69\ s+75\ s)/3=72\ s$$

$$Q=0.03\ A\times72\ s=2.16\ C$$

$$V=5\ mL$$

式中:Q——毫库伦数;

　V——试液体积数。

2. 计算浓度的平均值

六、讨论和思考题

(1)电极的极性切勿接错,若接错必须仔细清洗电极。

(2)保护管中应放 KI 溶液,使 Pt 电极浸没。

(3)为什么每次试液必须准确移取?

4.3　光度分析法

实验 10　邻二氮杂菲分光光度法测定铁

一、实验目的

(1)通过分光光度法测定铁的条件实验,学会如何选择分光光度分析的条件。

(2)掌握邻二氮杂菲分光光度法测定铁含量的原理。

(3)了解 721 型(或 722 型)分光光度计的构造和使用方法。

二、实验原理

邻二氮杂菲(1,10-二氮杂菲,简写为 phen),也称邻菲罗啉,是测定微量铁的一个很好的显色剂。在 pH 2~9 的范围内(一般控制 pH 为 5~6),Fe^{2+} 与邻二氮杂菲反应生成极稳定的橘红色配合物$[Fe(phen)_3]^{2+}$,其 $\lg K_{稳}=21.3(20\ ℃)$,其反应式为该配合物的最大吸收峰在 510 nm 处,摩尔吸收系数 $k_{510} = 1.1 \times 10^4 \text{L} \cdot \text{mol}^{-1} \cdot \text{cm}^{-1}$。

Fe^{3+} 与邻二氮杂菲作用也能生成 3:1 的淡蓝色配合物,其 $\lg K_{稳} = 14.1$。

因此,在显色前应预先用盐酸羟胺($NH_2OH \cdot HCl$)将 Fe^{3+} 还原成 Fe^{2+},其反应式为

$$2Fe^{3+} + 2NH_2OH \cdot HCl \longrightarrow 2Fe^{2+} + N_2 \uparrow + 2H_2O + 4H^+ + 2Cl^-$$

测定时,控制溶液的酸度在 pH=5 左右较为适宜。酸度太高,反应进行较慢;酸度太低,则 Fe^{2+} 水解,影响显色。

本实验方法不仅灵敏度高、稳定性好,而且选择性高。相当于铁量 40 倍的 $Sn(Ⅱ)$、$Al(Ⅲ)$、$Ca(Ⅱ)$、$Mg(Ⅱ)$、$Zn(Ⅱ)$、$Si(Ⅳ)$,20 倍的 $Cr(Ⅵ)$、$V(Ⅴ)$、$P(Ⅴ)$,5 倍的 $Co(Ⅱ)$、$Ni(Ⅱ)$、$Cu(Ⅱ)$ 不干扰测定。

分光光度法测定物质含量时,通常要经过取样、显色及测量等步骤。为了使测定有较高的灵敏度和准确度,必须选择适宜的显色反应的条件和测量吸光度的条件。通常所研究的显色反应条件有溶液的酸度、显色剂用量、显色时间、温度、溶剂以及共存离子干扰及其消除方法等。测量吸光度的条件主要是测量波长、吸光度范围和参比溶液的选择。

三、实验仪器和试剂

实验仪器:722 型分光光度计;移液管(10 mL/5 mL/1 mL)各 1 支;容量瓶(50 mL)7 个;量筒(10 mL/50 mL)各 1 个。

试剂:铁标准溶液($100 \mu g \cdot mL^{-1}$,准确称取 0.8640 g 分析纯 $NH_4Fe(SO_4)_2 \cdot 12H_2O$,置于烧杯中,用 30 mL $2 mol \cdot L^{-1}$ HCl 溶液溶解后转入 1000 mL 容量瓶中,以蒸馏水稀释至刻度,摇匀,备用);铁标准溶液($10 \mu g \cdot mL^{-1}$,由 $100 \mu g \cdot mL^{-1}$ 的铁标准溶液用蒸馏水准确稀释 10 倍而成);盐酸羟胺溶液($100 g \cdot L^{-1}$,因其不稳定,需临用时配制);邻二氮杂菲溶液($1 g \cdot L^{-1}$);乙酸钠溶液($1 mol \cdot L^{-1}$);铁未知溶液。

四、实验步骤

1. 溶液的配制

(1)取 7 个 50 mL 容量瓶,依次编号为①~⑦号。

(2)分别准确移取 0.00 mL、2.00 mL、4.00 mL、6.00 mL、8.00 mL、10.00 mL(务必准确量取,为什么?)的铁标准溶液于①~⑥号容量瓶中,移取 5.00 mL 铁未知溶液于⑦号容量瓶中。

(3)向①~⑦号容量瓶中依次按顺序加入 2 mL 盐酸羟胺溶液,摇匀,放置 2 min,再加 5 mL NaAc 溶液和 3 mL 邻二氮杂菲溶液。用蒸馏水定容至刻度线,摇匀,放置 10 min,备用。

2. 吸收曲线的绘制

调节分光光度计,以水为参比,用 1 cm 比色皿,测定波长为 430~570 nm 时④号溶液的吸光度值。其中,从 570~530 nm 每 20 nm 测定一次,530~490 nm 每 10 nm 测定一次,490~430 nm 每 20 nm 测定一次,记录数据。然后以波长为横坐标,以吸光度为纵坐

标绘制曲线。从吸收曲线上确定该显色反应的适宜波长(最大吸收波长 λ_{max})。

3. 铁含量的测定

1)标准曲线的绘制

调节分光光度计在最大吸收波长 510 nm 处,以水为参比,用 1 cm 比色皿依次测定①～⑥号试样的吸光度,记录数据。然后以标准铁含量为横坐标,以吸光度为纵坐标,绘制标准曲线。

2)未知液中铁含量的测定

调节分光光度计在最大吸收波长 510 nm 处,以水为参比,用 1 cm 比色皿测定⑦号试样的吸光度。由未知液的吸光度在标准曲线上查出其铁含量,以 mg·L^{-1} 表示结果。由此得出 5 mL 未知液中的铁含量。

五、实验数据记录与分析

1. 记录

实验数据的记录应采用表格形式,便于进行数据分析。例如,选择测量波长实验时,要作出吸光度 A 与波长 λ 的关系曲线,因此,选择测量波长实验的记录见下表。

波长 λ/nm	430	450	470	490	500	510	520	530	550	570
吸光度 A										

2. 绘制曲线

(1)吸收曲线;(2)A - C 曲线;(3)标准曲线。

3. 分析与结论

对上述结果进行分析并得出结论。例如,从吸收曲线可得出:邻二氮杂菲亚铁配合物在波长 510 nm 处吸光度最大,因此测定铁含量时宜选用的波长为 510 nm 等。

六、讨论和思考题

(1)邻二氮杂菲分光光度法测定铁的适宜条件是什么?

(2)在显色前加盐酸羟胺的目的是什么? 如测定一般铁盐的总铁量,是否需要加盐酸羟胺?

(3)如果用配置已久的盐酸羟胺溶液,对分析结果将带来什么影响?

(4)图像的曲线有较大误差,来自哪里?

实验 11　吸光度的加和性实验及水中微量 Cr(Ⅵ)和 Mn(Ⅶ)的同时测定

一、实验目的

了解吸光度的加和性,掌握用分光光度法测定混合组分的原理和方法。

二、实验原理

试液中含有数种吸光物质时,在一定条件下可以采用分光光度法同时进行测定而无须分离。例如,在 H_2SO_4 溶液中 $Cr_2O_7^{2-}$ 和 MnO_4^- 的吸收曲线相互重叠(图 4-2)。

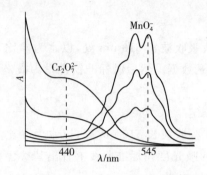

图 4-2　不同浓度的 $Cr_2O_7^{2-}$ 和 MnO_4^- 的吸收曲线图

根据吸光度的加和性原理,首先在 $Cr_2O_7^{2-}$ 和 MnO_4^- 的最大吸收波长 440 nm 和 545 nm 处测定混合溶液的总吸光度;然后用解联立方程式的方法,即可分别求出试液中(Ⅵ)和(Ⅶ)的含量。根据下式

$$A_{440}^{总} = A_{440}^{Cr} + A_{440}^{Mn} \tag{4-1}$$

$$A_{545}^{总} = A_{545}^{Cr} + A_{545}^{Mn} \tag{4-2}$$

得

$$A_{440}^{总} = \kappa_{440}^{Cr} \cdot c^{Cr} \cdot b + \kappa_{440}^{Mn} \cdot c^{Mn} \cdot b \tag{4-3}$$

$$A_{545}^{总} = \kappa_{545}^{Cr} \cdot c^{Cr} \cdot b + \kappa_{545}^{Mn} \cdot c^{Mn} \cdot b \tag{4-4}$$

若 $b=1$ cm,由式(4-3)、式(4-4)可得

$$c^{Cr} = \frac{A_{440}^{总} \cdot k_{545}^{Mn} - A_{545}^{总} \cdot k_{440}^{Mn}}{k_{440}^{Cr} \cdot k_{545}^{Mn} - k_{545}^{Cr} \cdot k_{440}^{Mn}} \tag{4-5}$$

$$c^{Mn} = \frac{A_{545}^{总} - k_{545}^{Cr} \cdot c^{Cr}}{k_{545}^{Mn}} \tag{4-6}$$

式(4-5)、式(4-6)中的摩尔吸收系数 κ,可分别用已知浓度的 $Cr_2O_7^{2-}$ 和 MnO_4^- 在波长 440 nm 和 545 nm 时的标准曲线求得(标准曲线的斜率即为 κ_b)。

三、实验仪器和试剂

实验仪器:721 或 722 型分光光度计;50 mL 容量瓶;1 cm 比色皿;吸量管(3 mL/5 mL/10 mL)各 1 支。

试剂:$KMnO_4$ 标准溶液(浓度约为 1.0×10^{-3} mol·L^{-1},已用 $Na_2C_2O_4$ 基准物标定其准确浓度);$K_2Cr_2O_7$ 标准溶液(浓度约为 4.0×10^{-3} mol·L^{-1});H_2SO_4 溶液(2 mol·L^{-1});(Cr+Mn)混合未知液。

四、实验步骤

1. 溶液的配制

(1)取 8 个 50 mL 容量瓶,依次编号为①~⑧号。

(2)分别准确移取 5.00 mL、10.00 mL、15.00 mL $KMnO_4$ 标准溶液于①~③号容量

瓶中;移取 5.00 mL、10.00 mL、15.00 mL $K_2Cr_2O_7$ 标准溶液于④~⑥号容量瓶中,移取 10.00 mL $KMnO_4$ 标准溶液和 10.00 mL $K_2Cr_2O_7$ 标准溶液于⑦号容量瓶中。移取 10.00 mL(Cr+Mn)混合未知液于⑧号容量瓶中。

(3)向①~⑧号容量瓶中依次加入 5 mL 2 mol·L^{-1} H_2SO_4 溶液,摇匀,用蒸馏水定容至刻度线,放置备用。

2. 吸收曲线的绘制

调节分光光度计,以水为参比,用 1 cm 比色皿测定波长为 400~600 nm 时②号、⑤号、⑦号溶液的吸光度。数据记录见下表所列。

λ/nm	A		
	①	②	③
600			
580			
560			
550			
545			
540			
535			
530			
520			
500			
480			
460			
450			
440			
430			
420			
400			

以波长为横坐标,以吸光度为纵坐标,在同一张坐标纸上绘制 MnO_4^-、$Cr_2O_7^{2-}$ 和混合溶液的吸光度曲线,验证吸光度的加和性。

3. 摩尔系数的测定

1)κ_{545}^{Mn} 和 κ_{440}^{Mn} 的测定

调节分光光度计 $\lambda=545$ nm 处,以水为参比,用 1 cm 比色皿调节吸光度为"0",然后分别在 1 cm 比色皿中加入①号、②号、③号溶液,并测定吸光度。然后以比色皿中溶液浓度为横坐标,相应的吸光度为纵坐标绘制标准曲线图 κ_{545}^{Mn}。

调节分光光度计 $\lambda = 440$ nm 处,其余操作步骤如上,求出 κ_{440}^{Mn}。

2)κ_{440}^{Cr} 和 κ_{545}^{Cr} 的测定

调节分光光度计 $\lambda = 440$ nm 处,以水为参比,用 1 cm 比色皿调节吸光度为"0",然后分别在 1 cm 比色皿中加入④号、⑤号、⑥号的溶液,并测定吸光度。然后以比色皿中溶液浓度为横坐标,相应的吸光度为纵坐标绘制标准曲线图 κ_{440}^{Cr}。

调节分光光度计 $\lambda = 545$ nm 处,其余操作步骤如上,求出 κ_{545}^{Cr}。数据记录见下表所列。

溶液编号		1#	2#	3#
KMnO$_4$溶液浓度				
$A_{KMnO_4\ (aq)}$	$\lambda = 440$ nm			
	$\lambda = 545$ nm			
K$_2$Cr$_2$O$_7$溶液浓度				
$A_{K_2Cr_2O_7\ (aq)}$	$\lambda = 440$ nm			
	$\lambda = 545$ nm			

3)测定未知液中 MnO_4^- 和 $Cr_2O_7^{2-}$ 的含量

取⑧号瓶,将溶液加入 1 cm 比色皿中,以水为参比,调吸光度为"0",分别测出未知液中 MnO_4^- 和 $Cr_2O_7^{2-}$ 溶液在 $\lambda = 440$ nm 和 $\lambda = 545$ nm 处的吸光度 $A_{440}^{总}$ 和 $A_{545}^{总}$。数据记录见下表所列。

波长/nm	吸光度 A
440	
545	

由 $A_{440}^{总}$、$A_{545}^{总}$、κ_{545}^{Mn}、κ_{440}^{Mn}、κ_{440}^{Cr} 和 κ_{545}^{Cr} 计算出未知液中 MnO_4^- 和 $Cr_2O_7^{2-}$ 的含量。

五、实验数据记录与分析

(1)实验数据的记录应采用表格形式,便于进行数据分析。

(2)绘制曲线。

①吸收曲线;②标准曲线;③未知液吸收曲线。

(3)对上述结果进行分析并得出结论。

六、讨论和思考题

(1)设某溶液中含有吸光物质 X、Y、Z。根据吸光度加和性规律,总吸光度 $A_{总}$ 与 X、Y、Z 各组分的吸光度的关系式应为什么?

(2)今欲对上题溶液中的吸光物质 X、Y、Z,不预先加以分离而同时进行测定。已知 X、Y、Z 在 λ_X、λ_Y、λ_Z 处各有一最大吸收峰,相应的摩尔吸收系数为 κ_X、κ_Y 和 κ_Z,则 $A_{总}$ 与 c_X、c_Y、c_Z、κ_X、κ_Y、κ_Z 的关系式应为什么?

4.4　光谱分析法

实验 12　红外光谱法测定有机化合物结构(苯甲酸的红外光谱法测定)

一、实验目的

(1)掌握红外光谱测定的样品制备方法。

(2)掌握由红外光谱鉴别官能团,并根据官能团确定未知组分主要结构的方法。

(3)学习红外分光光度计的使用。

二、实验原理

红外光谱反映分子的振动情况。当用一定频率的红外光照射某物质分子时,若该物质的分子中某基团的振动频率与其相同,则此物质就能吸收这种红外光,分子由振动基态跃迁到激发态。因此,若用不同频率的红外光依次通过测定分子,就会出现不同强弱的吸收现象。作 $T\%-\lambda$ 图就可得到其红外光谱。红外光谱具有很高的特征性,每种化合物都有特征的红外光谱。红外光谱可进行物质的结构分析和定量测量。

红外光谱定性分析一般采用两种方法,一种是已知标准物对照法,另一种是标准谱图查对法。

1. 已知标准物对照法

已知标准物对照法应由标准试样和待测试样在完全相同的条件下,分别测绘出其红外光谱图进行对照,谱图相同,则为同一化合物。

2. 标准谱图查对法

标准谱图查对法是最直接、最可靠的方法。根据待测试样的来源、物理常数、分子式及图谱中的特征谱带,查对标准谱图来确定化合物。常用标准谱图集为萨特勒红外标准谱图集(sadtler catalog of infrared standard spectra)。

在用未知物谱图查对标准谱图时,必须注意以下几点。

(1)比较所用仪器与绘制的标准谱图在分辨率与精度上的差别,这些差别可能导致某些峰的细微结构有差别。

(2)未知物的测绘条件一致,否则谱图会出现很大差别。当测定溶液样品时,溶剂的影响大,必须要求一致,以免得出错误结论。若只是浓度不同,只会影响峰的强度,而每个峰之间的相对强度是一致的。

(3)必须注意引入杂质吸收带的影响(如 KBr 压片吸水可能会引入水的吸收带等)。应尽可能避免杂质的引入。

一般谱图的解析大致步骤如下。

(1)先从特征频率区入手,找出化合物所含主要官能团。

(2)指纹区分析,进一步找出官能团存在的依据。因为一个基团常有多种振动形式,所以确定该基团不能只依靠一个特征吸收带,必须找出所有的特征吸收带。

(3)对照指纹区谱带位置、强度和形状仔细分析,确定化合物可能的结构。

(4)对照标准谱图,配合其他鉴定手段进一步验证。

三、实验仪器和试剂

实验仪器:红外分光光度计;手压式压片机(包括压模等);玛瑙研钵;红外灯。

试剂:KBr(A. R);无水乙醇(A. R);苯甲酸。

四、实验步骤

1. 样品的制备

取已干燥的苯甲酸 $1\sim2$ mg,在玛瑙研钵中充分磨细后,再加入 400 mg 干燥的 KBr,继续研磨至完全混匀,颗粒直径约为 $2~\mu$m。

2. 样品的测定

取出约 100 mg 混合物置于干净的压模内(均匀铺洒在模具内),于压片机上在约 15 MPa 的压力下,压制 1 min,制成透明薄片。将此薄片轻轻取下置于样品架上,放入分光光度计的样品池处。调整光度计参数,先粗测透光率是否超过 40%,若超过,即可进行扫描,从 4000 cm^{-1} 扫至 650 cm^{-1};若透率未达到 40%,则重新压片。扫谱结束后,取下样品架,取出薄片,按要求将模具、样品架等擦净、收好。

五、实验数据记录与分析

将扫谱得到的谱图与已知标准谱图进行对照比较,并找出主要吸收峰的归属。

六、讨论和思考题

(1)红外分光光度计与紫外-可见分光光度计在光路设计上有什么不同?

(2)为什么红外分光光度法要采取特殊的制样方法?

(3)固体样品经研磨(在红外灯下)后仍应随时注意防水吸水,否则压出的片子易沾在模具上。

实验 13 红外光谱的校正——薄膜法聚苯乙烯红外光谱的测定

一、实验目的

(1)掌握薄膜的制备方法,并用于聚苯乙烯的红外光谱测定。

(2)利用绘制的谱图进行红外光谱的校正。

二、实验原理

每作一张谱图,在分光光度计上图纸的实际安放位置是有变化的。为了完全正确地鉴别峰的位置,校正所要分析的谱图是需要的。根据记录在谱图上的已知吸收峰位置的一、二或三个峰校正是容易进行的。聚苯乙烯薄膜就是通常用的校正样品。通常采用的峰在 2850 cm^{-1}、1601.8 cm^{-1} 及 906 cm^{-1} 处。

此外,薄膜法在高分子化合物的红外光谱分析中被广泛应用。

三、实验仪器和试剂

实验仪器:红外分光光度计;红外灯;薄膜夹;平板玻璃;玻璃棒。

试剂:聚苯乙烯;CCl_4(A. R.);氯仿(A. R.)。

四、实验步骤

配制浓度约 12% 的聚苯乙烯四氯化碳溶液,用滴管吸取此溶液于干净的平板玻璃上,立即用两端绕有细铅丝的玻璃棒将溶液推平,使其自然干燥(1～2 h)。然后将平板玻璃浸于水中,用镊子小心地揭下薄膜,再用滤纸吸去薄膜上的水,将薄膜置于红外灯下烘干。最后将薄膜放在薄膜夹上,于分光光度计上测量谱图。

用氯仿为溶剂,同上操作,再扫谱图。

五、实验数据记录与分析

将两次扫描的谱图与已知标准谱图对照比较,找出主要吸收峰的归属,同时检查 $2850\ cm^{-1}$、$1601.8\ cm^{-1}$ 及 $906\ cm^{-1}$ 处的吸收峰位置是否正确,了解仪器图纸位置是否恰当。

六、讨论和思考题

(1)聚苯乙烯的红外光谱图与苯乙烯的谱图有什么区别?

(2)为什么在红外光谱制备薄膜样品时必须将溶剂和水分除去?

(3)注意平板玻璃一定要光滑、干净。

(4)扫描前应调整好仪器图纸的实际位置。

实验 14　荧光分光光度法测定维生素 B_2 的含量

一、实验目的

(1)掌握标准曲线法定量分析维生素 B_2 的基本原理。

(2)了解荧光分光光度计的基本原理、结构及性能,掌握其基本操作。

二、实验原理

维生素 B_2(又叫核黄素,VB_2)是橘黄色无臭的针状结晶,其结构式如图 4-3 所示。

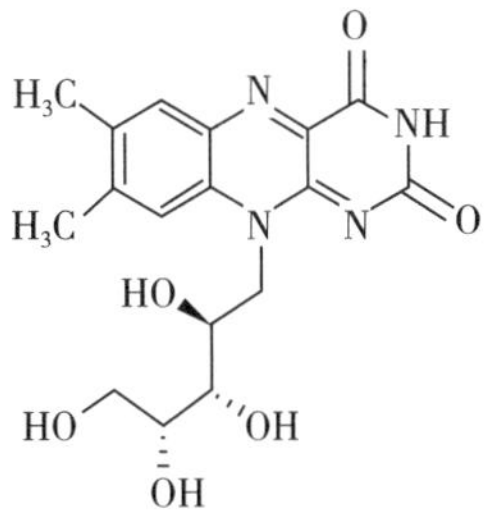

由于分子中有三个芳香环,具有平面刚性结构,因此它能够发射荧光。维生素 B_2 易溶于水而不溶于乙醚等有机溶剂,在中性或酸性溶液中稳定,光照易分解,对热稳定。

维生素 B_2 溶液在 430～440 nm 蓝光的照射下,发出绿色荧光,荧光峰在 535 nm 附近。维生素 B_2 在 pH 为 6～7 的溶液中荧光强度最大,而且其荧光强度与维生素 B_2 溶液

图 4-3　核黄素结构式

浓度呈线性关系,因此可以用荧光光谱法测维生素 B_2 的含量。维生素 B_2 在碱性溶液中经光线照射会发生分解而转化为另一物质——光黄素,光黄素也是一个能发荧光的物质,其荧光比维生素 B_2 的荧光强得多,故测维生素 B_2 的荧光时溶液要控制在酸性范围

内,且在避光条件下进行。

在稀溶液中,荧光强度 F 与物质的浓度 c 有以下关系:$F=2.303\Phi I_0\varepsilon bc$。当实验条件一定时,荧光强度与荧光物质的浓度呈线性关系:$F=Kc$。这是荧光光谱法定量分析的依据。

三、实验仪器和试剂

实验仪器:F-2500 HiTachi 荧光分光光度计;1 cm 石英皿;50 mL 容量瓶;5 mL 移液管;烧杯;胶头滴管。

试剂:维生素 B_2 标准溶液(10.00 $\mu g \cdot mL^{-1}$);未知溶液。

四、实验步骤

1. 系列标准溶液的制备

分别移取 10.00 $\mu g \cdot mL^{-1}$ 维生素 B_2 标准溶液 1.00 mL、2.00 mL、3.00 mL、4.00 mL、5.00 mL 置于 5 个 50 mL 的容量瓶中,然后加入去离子水稀释至刻度,摇匀。标记为①~⑤号维生素 B_2 标准溶液备用。

2. 待测液制备

移取 5.00 mL 未知溶液置于 50 mL 容量瓶中,加入蒸馏水稀释至刻度,摇匀。待测。

3. 激发光谱和荧光发射光谱的绘制

设置 $\lambda_{em}=540$ nm 为发射波长,在波长为 250~500 nm 扫描标准溶液③,记录荧光发射强度和激发波长的关系曲线,便得到激发光谱。从激发光谱图上找出其最大激发波长 λ_{ex}。在此激发波长下,在 400~600 nm 的波长扫描,记录发射强度与发射波长间的函数关系,便得到荧光发射光谱。从荧光发射光谱上找出其最大荧光发射波长 λ_{em}。

4. 标准溶液及样品的荧光测定

将激发波长固定在最大激发波长 λ_{ex} 处,荧光发射波长固定在最大荧光发射波长 λ_{em} 处。扫描蒸馏水和上述 5 个标准液的荧光发射强度,记录数据。以溶液的荧光发射强度为纵坐标,以标准溶液浓度为横坐标,制作标准曲线。

在同样条件下测定未知溶液的荧光强度,并由标准曲线确定未知试样中维生素 B_2 的浓度,计算待测样品溶液中的维生素 B_2 的含量。

五、实验数据记录与分析

根据上述扫描结果,得出:①维生素 B_2 激发光谱图;②最大激发波长 λ_{ex};③维生素 B_2 荧光发射光谱图;④最大荧光发射波长;⑤绘制标准曲线。

六、讨论和思考题

(1)试解释荧光光度法较吸收光度法灵敏度高的原因。

(2)维生素 B_2 在 pH 为 6~7 时荧光较强,本实验为何在酸性溶液中测定?

实验 15　氨基酸类物质的荧光光谱分析

一、实验目的

(1)熟悉荧光光谱分析法的基本原理。

(2)了解荧光分光光度计的构造、原理,掌握荧光分析法的基本操作。

（3）掌握荧光分析技术应用于定量分析的原理及方法。

二、实验原理

荧光物质分子在吸收特定频率辐射能量后，由基态跃迁至激发态的任一振动能级，在溶液中以热的形式损失部分能量后回到第一电子激发态的最低振动能级，再以辐射形式去活化跃迁到电子基态的任一振动能级，从而产生荧光。氨基酸（含有氨基和羧基的一类有机化合物）是生物功能大分子蛋白质的基本组成单位，是构成动物营养所需蛋白质的基本物质。色氨酸（Try）、酪氨酸（Tyr）和苯丙氨酸（Phe）是天然氨基酸中仅有能发射荧光的组分，可以用荧光法测定。

荧光分析法具有以下特点：

优点：灵敏度高、选择性好、工作曲线线性范围宽，能提供激发光谱、发射光谱、发光强度、发光寿命、量子产率、荧光偏振等诸多信息。

缺点：由于能够产生强荧光的物质相对较少，荧光分析法的应用范围不广。

改进：对于没有强荧光或没有荧光的物质的测定可设计相应的反应使其生成具有荧光特性的配合物进行测定。

三、实验仪器和试剂

实验仪器：荧光分光光度计；石英比色皿；刻度吸量管若干。

试剂：标准溶液 a（4×10^{-4} mg·mL^{-1}的酪氨酸溶液）；标准溶液 b（1×10^{-3} mg·mL^{-1}的苯丙氨酸溶液）；标准溶液 c（1×10^{-3} mg·mL^{-1}的色氨酸溶液）；色氨酸待测样。

四、实验步骤

1. 配制实验样品

（1）分别移取标准溶液 a、标准溶液 b 和色氨酸待测样于 10 mL 比色皿中，备用。

（2）分别移取 0.00 mL、1.00 mL、1.50 mL、2.00 mL、2.50 mL、3.00 mL 标准溶液 c 于 5 个 10 mL 比色皿中，并用去离子水稀释、定容、摇匀，备用。

2. 仪器操作

（1）打开计算机和分光光度计主机，双击分光光度计图标"FL‑Solutions"，等系统自检结束。预热 15～30 min。待仪器稳定后方可使用。

（2）选择光谱测量界面（"Method"—"General"—"Measurement"—"Wavelength scan"），绘制上述步骤（1）中各溶液的激发光谱和发射光谱，并确定各自的 λ_{Emmax} 和 λ_{Exmax}。

（3）选择定量测定界面（"Method"—"General"—"Measurement"—"photometry"），依据上述步骤中测得的酪氨酸的 λ_{Emmax} 和 λ_{Exmax}，设定定量测定的参数，测定系列标准溶液的荧光强度 I_s 值，然后在相同条件下测量色氨酸待测样的相对荧光强度 I_x，并记录实验数据。

五、实验数据记录与分析

（1）色氨酸的荧光分析。调整狭缝宽度至最佳值：$d_{ex} = 6.0$ nm，$d_{em} = 4.0$ nm。首先预扫，取 $\lambda_{Em} = 354$ nm，得到激发光谱。选择最大强度对应的波长约 220 nm 处，得到色氨酸的发射光谱。

(2)酪氨酸的荧光分析。调整狭缝宽度至最佳值：$d_{ex}=6.0\text{ nm}$，$d_{em}=4.0\text{ nm}$。首先粗扫，$\lambda_{Em}=307\text{ nm}$，得到激发光谱。选择最大强度对应的波长约 223 nm 处，得到酪氨酸的发射光谱。

(3)苯丙氨酸的荧光分析。调整狭缝宽度至最佳值：$d_{ex}=8.0\text{ nm}$，$d_{em}=6.0\text{ nm}$。首先粗扫，$\lambda_{Em}=306\text{ nm}$，得到激发光谱。选择最大强度对应的波长约 217 nm 处，得到苯丙氨酸的发射光谱。

(4)将测得的苯丙氨酸、酪氨酸和色氨酸溶液的发射光谱叠加在一个坐标系中；将测得的苯丙氨酸、酪氨酸和色氨酸溶液的激发光谱叠加在一个坐标系中；找出最大激发波长和峰值。

(5)色氨酸未知溶液的定量测量。选择对应激发波长 220 nm 和发射波长 354 nm，狭缝宽度与实验步骤(1)的相同：$d_{ex}=6.0\text{ nm}$，$d_{em}=4.0\text{ nm}$。根据系列标准酪氨酸溶液的荧光强度 I_s 及浓度 c，绘制 $I_s\text{-}c$ 工作曲线，由线性拟合得出线性方程强度 I_s。测量色氨酸待测样的荧光强度 I_x，代入线性方程组，得到其浓度。

六、讨论和思考题

(1)本实验中定量测定的条件参数是如何选择的，为什么？

(2)影响荧光特性的因素有哪些？请列举说明。

(3)根据常规的荧光法能够实现混合物中这三种氨基酸的分别测定吗？若能，请说明原因；若不能，请提出可行的测定方案。

实验 16 紫外-可见吸收光谱法测定氨基酸类芳香族化合物

一、实验目的

(1)学习紫外-可见分光光度法测定的原理。

(2)掌握紫外-可见分光光度法的实验技术。

(3)掌握紫外-可见分光光度法用于芳香族化合物鉴定的基本原理和实验技术。

二、实验原理

紫外-可见吸收光谱法又称紫外-可见分光光度法，是以溶液中物质的分子或离子对紫外和可见光谱区辐射能的选择性吸收为基础而建立起来的一类分析方法。

定性分析原理：根据吸收曲线最大吸收波长的位置(λ_{max})、吸收峰强度(ε)、吸收峰的数目以及吸收峰的形状可做定性分析。

氨基酸类物质的一个重要光学性质是对光有吸收作用。20 种氨基酸在可见光区域均无光吸收，在远紫外区($<220\text{ nm}$)均有光吸收，在紫外区(近紫外区)($220\sim300\text{ nm}$)只有三种氨基酸类物质有光吸收能力。这三种氨基酸分别是苯丙氨酸、酪氨酸、色氨酸。这三种氨基酸的结构均含有苯环共轭双键。蛋白质一般都含有这三种氨基酸残基，因此能利用分光光度法很方便地测定蛋白质的含量。

本实验将对苯丙氨酸、酪氨酸和色氨酸三种芳香族化学物进行紫外光谱测定。

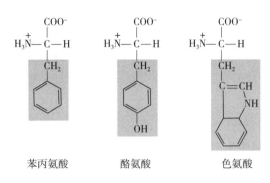

图 4-4 三种氨基酸的结构

三、实验仪器和试剂

实验仪器：紫外-可见分光光度计；分析天平；石英比色皿，容量瓶(250 mL)3 个；刻度吸量管(5 mL)3 支。

试剂：标准溶液 a(1×10^{-3} g·L^{-1}的苯丙氨酸溶液)；标准溶液 b(1×10^{-3} g·L^{-1}的酪氨酸溶液)；标准溶液 c(1×10^{-3} g·L^{-1}的色氨酸溶液，所有溶液均用去离子水配制)；未知样品 d(未知种类的氨基酸待测样)。

四、实验步骤

(1)配制标准溶液：分别移取苯丙氨酸、酪氨酸、色氨酸的标准溶液和未知样品溶液于 10 mL 比色皿中，待用。

(2)仪器操作：双击分光光度计图标"UV Probel"，出现软件界面，点击连接，系统开始自检，等系统自检结束。预热 5～10 min。待仪器稳定后方可使用。

(3)在光谱测量模式下，以去离子水为参比溶液，分别绘制各标准溶液和未知样品溶液在波长为 200～350 nm 的吸收光谱。并记录各标准溶液的 λ_{max} 和 λ_{max} 处的吸光度。

五、实验数据记录与分析

(1)分别绘制苯丙氨酸、酪氨酸和色氨酸的吸收光谱，找出各自的最大吸收波长 λ_{max}。

(2)将苯丙氨酸、酪氨酸和色氨酸溶液的吸收光谱叠加在一个坐标系中，比较它们的吸收峰的变化。计算各取代基使苯的 λ_{max} 迁移了多少？并与实验结果加以比较。

(3)根据未知氨基酸样品的吸收光谱图，判断氨基酸的种类。

六、讨论和思考题

(1)被测物浓度过大或过小对测量有何影响？应如何调整？调整的依据是什么？

(2)思考紫外-可见分光光度法应用于蛋白质测量的依据，并设计相应的实验方案，测定奶粉中蛋白质的含量。

实验 17 紫外-可见分光光度法同时测定维生素 C 和维生素 E

一、实验目的

掌握紫外-可见光度法用于双组分样品同时测定的基本原理和实验技术。

二、实验原理

维生素C(抗坏血酸)和维生素E(α-生育酚)在食品中能起抗氧化作用,即它们在一定时间内能防止油脂变性。因为它们在抗氧化性能方面是协同的,所以两者混合使用比单独使用的效果更佳。因此,它们常作为一种有效的组合试剂,用于各种食品中。维生素C是水溶性的,维生素E是脂溶性的,但是它们都溶于无水乙醇,可用同一溶液中测定双组分的原理进行定量分析。

定量分析原理:根据朗伯-比耳定律 $A=\varepsilon bc$,当入射光波长及光程一定时,在一定浓度范围内,有色物质的吸光度 A 与该物质的浓度 c 成正比,利用标准曲线法或标准加入法可做定量分析。定量分析常用的方法是标准曲线法,即只要绘出以吸光度 A 为纵坐标,以浓度 c 为横坐标的标准曲线,测出试液的吸光度,就可以由标准曲线查得对应的浓度值,即未知样的含量。

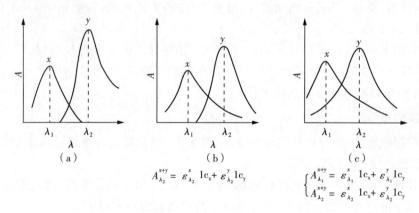

$$A_{\lambda_2}^{x+y} = \varepsilon_{\lambda_2}^{x} 1c_x + \varepsilon_{\lambda_2}^{y} 1c_y$$

$$\begin{cases} A_{\lambda_1}^{x+y} = \varepsilon_{\lambda_1}^{x} 1c_x + \varepsilon_{\lambda_1}^{y} 1c_y \\ A_{\lambda_2}^{x+y} = \varepsilon_{\lambda_2}^{x} 1c_x + \varepsilon_{\lambda_2}^{y} 1c_y \end{cases}$$

图 4-5 双波长法同时测定双组分示意图

三、实验仪器和试剂

实验仪器:紫外-可见分光光度计;分析天平;石英比色皿 2 个,容量瓶 250 mL 2 个;容量瓶 50 mL 6 个,刻度吸量管 10 mL 2 支。

试剂:抗坏血酸标准溶液(7.5×10^{-5} mol·L^{-1} 的抗坏血酸溶液,溶于无水乙醇);维生素E标准溶液(1.13×10^{-4} mol·L^{-1} 的维生素E溶液,溶于无水乙醇);未知样品(未知浓度待测样品)。

四、实验步骤

1. 配制系列浓度标准溶液

(1)分别移取苯抗坏血酸标准溶液 4.00 mL、6.00 mL、8.00 mL、10.00 mL 于 4 个 50 mL 容量瓶中,用无水乙醇稀释至刻度,摇匀,待用。

(2)分别移取维生素E标准溶液 4.00 mL、6.00 mL、8.00 mL、10.00 mL 于 4 个 50 mL容量瓶中,用无水乙醇稀释至刻度,摇匀,待用。

2. 绘制吸收光谱和标准曲线

以无水乙醇为参比,在波长 220~320 nm 分别测绘步骤 1 中所配制的系列浓度抗坏血酸和维生素E标准溶液的吸收光谱,确定抗坏血酸的最大吸收波长(λ_1)和维生素E的最大吸收波长(λ_2),并记录各标准溶液在 λ_1 和 λ_2 处的吸光度值。

3. 未知液的测定

以去离子水为参比溶液,测定未知样品溶液在波长为 220~320 nm 的吸收光谱,并记录其在 λ_1 和 λ_2 处的吸光度值。

五、实验数据记录与分析

(1)绘制抗坏血酸和维生素 E 的吸收光谱,找出各自的最大吸收波长 λ_1 和 λ_2。

(2)分别绘制抗坏血酸和维生素 E 在 λ_1 和 λ_2 处的 4 条标准曲线,求出 4 条直线的斜率,即 $\varepsilon_{\lambda_1}^x$、$\varepsilon_{\lambda_1}^y$、$\varepsilon_{\lambda_2}^x$、$\varepsilon_{\lambda_2}^y$。

(3)联系方程组 $\begin{cases} A_{\lambda_1}^x = \varepsilon_{\lambda_1}^x bc_x + \varepsilon_{\lambda_1}^y bc_y \\ A_{\lambda_2}^x = \varepsilon_{\lambda_2}^x bc_x + \varepsilon_{\lambda_2}^y bc_y \end{cases}$,计算未知液中抗坏血酸和维生素 E 的浓度。

六、讨论和思考题

(1)采用紫外吸收光谱中最大吸收波长进行测定的,是否可以在波长较短的吸收峰下进行定量测定,为什么?

(2)使用本方法测定抗坏血酸和维生素 E 是否灵敏? 解释其原因。

实验 18　分光光度法测定酸碱指示剂的 pKa

一、实验目的

掌握分光光度法测定酸碱指示剂 pKa 的方法。

二、实验原理

酸碱指示剂(用 HIn 表示)本身是弱酸,电离平衡如下:

$$\text{HIn} \Longrightarrow \text{H}^+ + \text{In}^- \tag{4-7}$$

式中,pKa 与 pH 的关系为

$$\text{pH} = \text{pKa} - \lg\frac{[\text{HIn}]}{[\text{In}^-]} \tag{4-8}$$

或写成

$$\lg\frac{[\text{In}^-]}{[\text{HIn}]} = \text{pH} - \text{pKa} \tag{4-9}$$

pH 对 $\lg\dfrac{[\text{In}^-]}{[\text{HIn}]}$ 作图得一直线,其截距(当 $[\text{In}^-] = [\text{HIn}]$ 时)等于 pKa。实验中,$\dfrac{[\text{In}^-]}{[\text{HIn}]}$ 可由分光光度法求得。在低 pH 下配制指示剂溶液(主要以 HIn 形式存在),测绘其吸收曲线。然后在高 pH 下配制指示剂溶液(主要以 In$^-$ 形式存在),测绘其吸收曲线。由两条吸收曲线求出两个 λ_{max} 值,然后配制一系列不同 pH 的指示剂溶液,在两个 λ_{max} 处测量吸光度。A_{HIn}为强酸介质中的吸光度,A_{In}^-为强碱介质中的吸光度,A为中间 pH 介质中的吸光度,它们均可由实验测得,与$\dfrac{[In^-]}{[HIn]}$的关系为

$$\frac{[In^-]}{[HIn]} = \frac{A - A_{HIn}}{A_{In}^- - A} \qquad (4-10)$$

因此,pKa 可以根据式(18-3)和式(18-4)计算求得。

以 pH 为横坐标,吸光度为纵坐标作图,可以得到两条 S 形曲线,该曲线中间所对应的 pH 即为 pKa。

三、实验仪器和试剂

实验仪器:分光光度计;pH 计;50 mL 容量瓶 9 个;2 mL 吸管 1 支;10 mL 量筒 1 个。

试剂:$0.20\ mol \cdot L^{-1}\ NaH_2PO_4$溶液($2.4\ g\ NaH_2PO_4$溶于 100 mL 蒸馏水中);$0.20\ mol \cdot L^{-1}\ K_2HPO_4$溶液($3.4\ g\ K_2HPO_4$溶于 100 mL 蒸馏水中);浓 HCl;$4\ mol \cdot L^{-1}$ NaOH 溶液;0.1%溴百里酚蓝溶液(在 20%乙醇中)。

四、实验步骤

1. 溶液的配制

取 9 个 50 mL 容量瓶,编号,分别加入 2.00 mL 溴百里酚蓝溶液(溴百里酚蓝在酸性溶液中不稳定,因此溶液配好后应立即测定),再分别加入如下体积的磷酸盐溶液。在①号瓶中加入 4 滴浓盐酸,在⑨号瓶中加入 10 滴 NaOH 溶液,分别用蒸馏水稀释至刻度,摇匀。用 pH 计分别测量 pH。

2. 吸收曲线测定

在波长为 400~650 nm(以水为参比)分别测定①号和⑨号瓶溶液的吸收曲线,并确定两者的最大吸收波长。

在两个最大吸收波长下分别测定 9 个溶液的吸光度(表 4-4)。

表 4-4　吸光度记录表

瓶号	指示剂/mL	NaH_2PO_4/mL	K_2HPO_4/mL	pH	A
1	2.00	0	0		
2	2.00	5	0		
3	2.00	5	1		
4	2.00	10	5		
5	2.00	5	10		
6	2.00	1	5		
7	2.00	1	10		
8	2.00	0	5		
9	2.00	0	0		

五、实验数据记录与分析

(1)绘制 HIn 和 In⁻ 的吸收光谱,确定 λ_a 和 λ_b。

(2)将所配溶液分别以在 λ_a 和 λ_b 处测得的吸光度对 pH 作图,求出两个 pKa。

(3)由式(4-10)计算某一波长时的 $\dfrac{[\mathrm{In^-}]}{[\mathrm{HIn}]}$,以 $\lg\dfrac{[\mathrm{In^-}]}{[\mathrm{HIn}]}$ 对 pH 作图,由图求得 pKa。

(4)对比所求 pKa 并与标准值比较。

六、讨论和思考题

(1)为什么①号和⑨号瓶溶液可用来选择两个最大的吸收波长?

(2)若吸光度大于 0.8 应如何处理?

实验 19　¹H NMR 核磁共振波谱法测定室温下乙酰乙酸乙酯互变异构体

一、实验目的

(1)了解 ¹H NMR 核磁共振波谱法测定物质结构的基本原理。

(2)掌握核磁共振波谱仪的基本操作步骤以及数据的处理方法。

(3)初步掌握简单化合物 NMR 图谱的解谱技术。

二、实验原理

(1)自旋量子数不为 0 的原子核(如 ¹H 和 ¹³C)在磁场中会发生能级裂分,当特定频率的电磁辐射能量与这个能级差相同时,原子核受到辐照就会发生高低能级之间的跃迁,这就是核磁共振现象。排除外部条件的干扰时,在一定强度的磁场下,同种原子核的核磁共振频率理论上是相同的。但实际分子中由于化学环境的不同,每个原子核附近不同密度的电子云在外磁场作用下会形成环电流,形成的感应磁场对外磁场产生一定的屏蔽作用,使得原子核实际感受到的磁场强度会有不同程度的减弱,核磁共振频率相对于原子核的化学环境发生位移,也就是化学位移。通过核磁共振波谱法可以对分子中各待测原子核所处的的化学环境进行分析,以此得到分子的结构信息。

(2)乙酰乙酸乙酯有着酮式和烯醇式两种互变异构体,如图 4-6 所示。

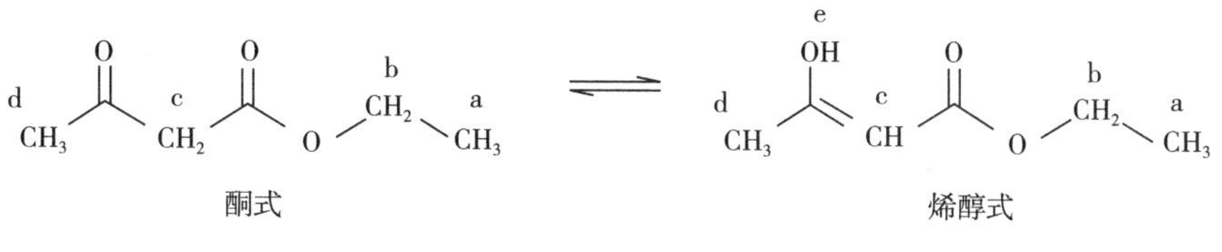

图 4-6　乙酰乙酸乙酯的互变异构

在不同的体系中,两种互变异构体的比例受到温度和溶剂的影响,存在着一定的差别。两者的化学结构不同,可以通过核磁共振波谱的方法对它们的存在比例进行测定。由于两个结构中部分 H 原子的化学环境完全不同,相应的化学位移也不一样。表 4-5

给出的是酮式和烯醇式中对应的 H 的化学位移值。

表 4-5　酮式和烯醇式中对应的 H 的化学位移值

	δ_a	δ_b	δ_c	δ_d	δ_e
酮式	1.3	4.2	3.3	2.2	—
烯醇式	1.3	4.2	4.9	2.0	12.2

通过计算不同 H 原子峰面积的积分,可以确定两种组分各自的相对含量。

三、实验仪器和试剂

实验仪器:Agilent 600M 核磁共振波谱仪;5 mm 核磁共振样品管两个;0.5 mL 吸量管 3 支。

试剂:乙酰乙酸乙酯;氘代氯仿(含 TMS 内标);重水。

四、实验步骤

1. 配制样品

用 0.5 mL 吸量管分别取 0.10 mL 乙酰乙酸乙酯于两个核磁共振样品管中,编号为 A 和 B;向 A 管中加入 0.5 mL 氘代氯仿,向 B 管中加入 0.5 mL 重水,分别加盖摇匀。此时核磁管中的液体样品高度为 2.5～3 cm。

2. 乙酰乙酸乙酯[1]H NMR 的测定

按照 Agilent 600M 核磁共振波谱仪的操作规程分别测定 A 管和 B 管的[1]H NMR 数据。

3. 乙酰乙酸乙酯[1]H NMR 的谱图绘制

将得到的[1]H NMR 数据导入 MestReNova 软件中进行谱图的绘制。对谱图进行基线和相位的校正以后,打印谱图,读出各个峰的化学位移、峰面积积分以及裂分情况,并且做好记录。

五、实验数据记录与分析

(1)对[1]H NMR 谱图中的各个峰进行归属,判断其属于酮式还是烯醇式结构。

(2)分别计算 A 与 B 两个体系中酮式和烯醇式结构各自的相对含量。

六、讨论和思考题

(1)A、B 两个体系中相对含量的结果差异如何? 为何会是这样的结果?

(2)实验中不同溶剂体系标定化学位移的方式各自是怎样的? 为什么会有区别?

实验 20　四氯化碳的激光拉曼光谱测定

一、实验目的

(1)认识拉曼散射,了解拉曼散射的原理。

(2)掌握激光拉曼光谱测定的方法。

(3)了解拉曼光谱图的构成与解析方法,学会利用激光拉曼光谱进行定性分析。

二、实验原理

(1)光在照射介质时,会发生吸收、反射、透射以及散射等过程。在发生散射时,除了与入射光频率相同的瑞利(Rayleigh)散射以外,还存在一部分波数与入射光有着 $10^2 \sim 10^3$ cm^{-1} 范围差别的散射光,这类散射被称为拉曼(Raman)散射。拉曼散射光与入射光的频率差别来源于分子振动能态间的跃迁,通过对物质的拉曼光谱进行测定,可以得到特定化合物各振动能级的信息,并以此反映出化合物的结构与性质。

(2)典型的拉曼光谱如图 4-7 所示。在拉曼光谱中,设 ν_0 是入射光的波数,ν 是散射光的波数,二者的波数差为 $\Delta\nu = \nu - \nu_0$。当 $\Delta\nu < 0$ 时,散射线被称为斯托克斯线(Stokes line);当 $\Delta\nu > 0$ 时,散射线被称为反斯托克斯线(anti-Stokes line)。拉曼光谱具有以下特征:同一样品的拉曼线与入射光的波数差,跟入射光的频率无关;以波数为横轴,斯托克斯线与反斯托克斯线对称分布在入射光的两侧;斯托克斯线的强度明显大于反斯托克斯线。

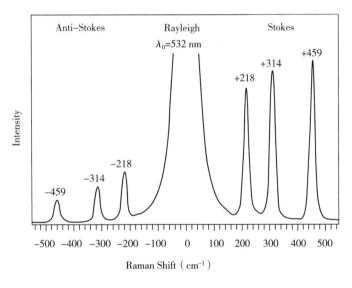

图 4-7　拉曼光谱示意图

(3)基于拉曼光谱的基本原理,拉曼光谱仪由光源、外光路、色散系统、检测器这几部分组成,其中光源需要有单色性好、功率足够大的特点,因此拉曼光谱仪中一般选用激光作为光源,所以又叫作激光拉曼光谱。

三、实验仪器和试剂

实验仪器:LabRAM HR Evolution 激光拉曼光谱仪。

试剂:四氯化碳(AR)。

四、实验步骤

(1)实验开始前预先打开激光器的电源令其预热 30 min。

(2)在一支液体样品管中倒入四氯化碳样品,将其固定在样品架上放置于样品台,调节仪器使聚焦后的激光束位于样品管中心。

(3)按照激光拉曼光谱仪的操作规程调节光路,将单色仪波长设置在 532 nm,入射狭缝 150 μm 左右。

(4)用专用的测量软件记录光谱,打印谱图,读出各个谱峰的峰位置,并且做好记录。

五、实验数据记录与分析

(1)在谱图中标注出瑞利散射线、斯托克斯线以及反斯托克斯线。

(2)计算每个拉曼峰对应的振动能级的大小,结合红外光谱的知识判断能级对应的化合物结构信息。

(3)比较各条谱线实测的相对强度并作出解释。

六、讨论和思考题

(1)用激光做光源测拉曼光谱有哪些优点? 在使用激光时需要注意什么?

(2)能否通过红外光谱的方法对四氯化碳的振动能级进行测试? 为什么?

实验 21　正二十四烷的质谱分析

一、实验目的

(1)了解质谱仪的基本结构和工作原理。

(2)掌握双聚焦质谱仪的基本操作步骤。

(3)了解质谱图的构成与解析方法,学会判断碎片离子峰的构成。

二、实验原理

(1)质谱是利用电磁学的基本原理,在高真空的条件下,将带电的微观粒子按照质荷比 m/z 进行分离并顺次分析的仪器分析方法。质谱仪一般由真空系统、进样系统、离子源、质量分析器以及检测器组成。由于大多数待分析物质或分子都是中性的,在进行质荷比分析之前通常需要用一定的离子化方法让待分析物质带电荷,以便被质量分析器检测出来。电子轰击离子化(electron impact,EI)是有机质谱分析中一种常用的离子化方式,是用能量一定的高能电子束对样品进行轰击,诱使样品分子发生电离和断裂而离子化。EI 具有电离效率高、稳定、谱图具有特征性且有标准谱图库用于比对的优点,可以用来表征有机物的结构。

(2)饱和脂肪烃在 EI 的作用下会发生断裂,生成一系列 m/z 为 $15+14n$ 的奇数质谱峰,而自身的分子离子峰相对较弱。图 4-8 是正十六烷的质谱图。

三、实验仪器和试剂

实验仪器:配有电子轰击源的双聚焦质谱仪。

试剂:正二十四烷。

四、实验步骤

(1)将 $2\sim4$ μg 正二十四烷固体样品置于直接进样杆的样品杯中,按照双聚焦质谱仪的操作规程进行进样操作。

(2)调节样品加热温度为 250 ℃,设置 EI 离子源的发射电流为 500 A,轰击电子能量

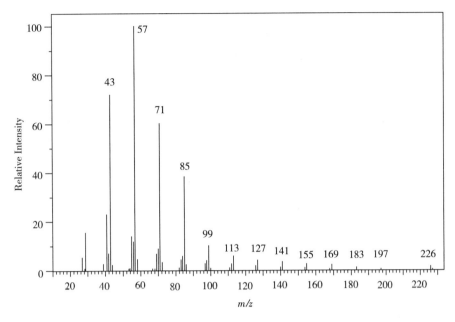

图 4-8　正十六烷的质谱图

为 70 eV,离子源温度 200 ℃。按照操作规程对检测器进行设置。

（3）打开进样探头的加热开关,待样品蒸发完全后,启动主扫描按钮,记录样品的质谱图。

（4）用谱图处理软件对质谱图进行校正后,打印谱图,读出各个质谱峰的峰位置及相对强度,并且做好记录。

五、实验数据记录与分析

（1）在质谱图中找出分子离子峰与基峰并标注。

（2）给出可以表达这一系列质谱峰的通式。

（3）对基峰的同位素离子峰进行标注与分析。

六、讨论和思考题

（1）质谱数据中各碎片离子分别对应着什么结构? 正二十四烷发生了怎样的断裂得到的它们?

（2）实验结果中分子离子峰的强度如何? 为何会这样?

（3）若是想得到更强的分子离子峰,可以在实验方法上做怎样的调整?

实验 22　火焰原子吸收法测定自来水中的钙和镁

一、实验目的

（1）掌握原子吸收光谱法的基本原理。

（2）了解原子吸收分光光度计的主要机构及工作原理。

（3）学习原子吸收光谱法操作条件的选择。

二、实验原理

原子吸收光谱仪是由光源(空心阴极灯)、原子化系统、分光系统和检测系统组成。相应金属的空心阴极灯发射出待测元素的特征谱线,被待测元素的基态原子吸收,由检测器检测出特征谱线被减弱的程度,由光信号转为电信号,从而测定实验中待测元素的含量。

原子吸收光谱分析法的定量关系可用 Lambert-beer 定律 $A = \varepsilon bc$ 来表示。公式中,A 是吸光度,ε 是摩尔吸光系数,b 是所经光路长度(比色皿厚度),c 是被测样品浓度。对于待测物质 εb 可看为常量 k,进而得到 $A = kc$。吸光度 A 与待测物浓度 c 呈线性关系,k 可视为标准工作曲线斜率。

利用吸光度与浓度的关系,用不同浓度的钙、镁离子标准溶液分别测定其吸光度,绘制标准曲线。在同样的条件下测定水样的吸光度,从标准曲线上即可求出水样中钙、镁的浓度,进而可计算出自来水中钙、镁的含量。

自来水中除钙、镁离子外,还含有铝、硫酸盐、磷酸盐及硅酸盐等,它们能抑制钙、镁的原子化,产生干扰,使测得的结果偏低。加入锶离子作释放剂,可以获得正确的结果。

三、实验仪器和试剂

实验仪器:WYS-2000 型原子吸收仪(安徽皖仪科技有限公司);镁空心阴极灯;钙空心阴极灯;电子分析天平;容量瓶;烧杯;胶头滴管;移液管。

试剂:碳酸钙($CaCO_3$,分析纯,国药);五水碱式碳酸镁[$4MgCO_3 \cdot Mg(OH)_2 \cdot 5H_2O$,分析纯,国药];浓盐酸($6\ mol \cdot L^{-1}$,国药);池水(已过滤);自来水。

四、实验步骤

1. 钙、镁标准溶液的配制

在分析天平上准确称取 0.2500 g $CaCO_3$ 和 0.4000 g $4MgCO_3 \cdot Mg(OH)_2 \cdot 5H_2O$(已在 110 ℃干燥 2 h,并置于干燥皿中冷却后)于小烧杯中,盖上表面皿,先加入少量蒸馏水润湿粉体,然后沿烧杯嘴逐滴滴加数毫升 $6\ mol \cdot L^{-1}$ HCl 溶液使其溶解(要边滴加盐酸边轻轻摇动烧杯,每加几滴后,带气泡停止发生,再继续滴加),用水冲洗表面皿和烧杯内壁,然后小心地将溶液全部移入 1000 mL 容量瓶中(操作应小心仔细,不可使 Ca^{2+}、Mg^{2+} 损失),用蒸馏水稀释至刻度,摇匀,备用,得到 100 mg·mL^{-1} 的钙镁标准溶液。

1)不同浓度的钙标准溶液的配制

用移液管分别移取 5.00 mL、10.00 mL、15.00 mL、20.00 mL、25.00 mL 100 $\mu g \cdot mL^{-1}$ 的钙镁标准溶液于 5 个 50 mL 容量瓶中,用蒸馏水定容至刻度,摇匀,得到 10.00 $\mu g \cdot mL^{-1}$、20.00 $\mu g \cdot mL^{-1}$、30.00 $\mu g \cdot mL^{-1}$、40.00 $\mu g \cdot mL^{-1}$、50.00 $\mu g \cdot mL^{-1}$ 的钙标准溶液。依次编号,备用。

2)不同浓度的镁标准溶液的配制

用移液管分别移取 1.00 mL、2.00 mL、3.00 mL、4.00 mL、5.00 mL 100 $\mu g \cdot mL^{-1}$ 的钙镁标准溶液于 5 个 250 mL 容量瓶中,用蒸馏水定容至刻度,摇匀,得到 0.40 $\mu g \cdot mL^{-1}$、0.80 $\mu g \cdot mL^{-1}$、1.20 $\mu g \cdot mL^{-1}$、1.60 $\mu g \cdot mL^{-1}$、2.00 $\mu g \cdot mL^{-1}$ 的镁标准溶液。依次编号,备用。

2. 待测钙镁水样的配制

1)自制待测钙镁水样

称取 1 g $CaCO_3$ 和 0.97 g $4MgCO_3 \cdot Mg(OH)_2 \cdot 5H_2O$ 于小烧杯中,盖上表面皿,先加入少量蒸馏水润湿粉体,然后沿烧杯嘴逐滴滴加数毫升 6 mol·L^{-1} HCl 溶液使其溶解(要边滴加盐酸边轻轻摇动烧杯,每加几滴后,带气泡停止发生,再继续滴加),用水冲洗表面皿和烧杯内壁,然后小心地将溶液全部移入 1000 mL 容量瓶中(操作应小心仔细,不可使 Ca^{2+}、Mg^{2+} 损失),用蒸馏水稀释至刻度,摇匀,备用。

2)待测钙水样的配制

用移液管移取自制钙镁水样 4.00 mL 于 50 mL 容量瓶中,用蒸馏水定容至刻度,摇匀,得到钙待测水样 1。

用移液管分别移取两处池水和自来水各 4.00 mL 于 3 个 50 mL 容量瓶中,用蒸馏水定容至刻度,摇匀,得到钙待测水样 2、3、4。

3)待测镁水样的配制

用移液管移取自制钙镁水样 4.00 mL 于 500 mL 容量瓶中,用蒸馏水定容至刻度,摇匀,得到镁待测水样 1。

用移液管分别移取两处池水和自来水各 10.00 mL 于 3 个 50 mL 的容量瓶中,用蒸馏水定容至刻度,摇匀,得到镁待测水样 2、3、4。

3. 样品测试

(1)打开仪器,连接电脑,设置测试方法,接通空气、乙炔气体,点燃火焰,仪器预热 20 min。

(2)水样中钙离子检测和钙标准曲线的绘制。选择钙离子的测试方法,在特征谱线 422.9 nm 处,将配制好的 10.00 $\mu g \cdot mL^{-1}$、20.00 $\mu g \cdot mL^{-1}$、30.00 $\mu g \cdot mL^{-1}$、40.00 $\mu g \cdot mL^{-1}$、50.00 $\mu g \cdot mL^{-1}$ 的钙标准溶液分别进样,检测其吸光度。根据测试结果,以钙标准溶液的浓度为横坐标,以吸光度值为纵坐标,绘制出 $A-c$ 的标准工作曲线图。然后在同样条件下,检测钙待测水样 1、2、3、4 的吸光度。

(3)水样中镁离子的检测和镁标准曲线的绘制。选择镁离子的测试方法,在特征谱线 285.5 nm 处,将配制好的 0.40 $\mu g \cdot mL^{-1}$、0.80 $\mu g \cdot mL^{-1}$、1.20 $\mu g \cdot mL^{-1}$、1.60 $\mu g \cdot mL^{-1}$、2.00 $\mu g \cdot mL^{-1}$ 的镁标准溶液分别进样,检测其吸光度。根据测试结果,以镁标准溶液的浓度为横坐标,以吸光度值为纵坐标,绘制出 $A-c$ 的标准工作曲线图。然后在同样条件下,检测镁待测水样 1、2、3、4 的吸光度。

五、实验数据记录与分析

通过对钙、镁不同浓度标准溶液进行测试,得到相应的两条标准工作曲线,由此可分别得到钙、镁离子浓度与吸光度的线性方程。利用原子吸收法对原实验室自制水样进行检测,得到其水硬度值。

六、讨论和思考题

(1)检测钙、镁时的特征谱线的波长分别是多少?

(2)通过标准工作曲线上得出的钙、镁浓度是否是原溶液浓度? 不是的话,如何换算?

4.5　色谱分析法

实验 23　醇系物的分离(程序升温气相色谱法)

一、实验目的

(1)了解气相色谱仪的构造及应用特点。

(2)掌握程序升温气相色谱法的原理及基本操作。

二、实验原理

用气相色谱法分析样品时,各组分都有一个最佳柱温。对于沸程较宽、组分较多的复杂样品,柱温可选在各组分的平均沸点左右,显然这是一种折中的办法,其结果是低沸点组分因柱温太高很快流出,色谱峰尖而挤甚至重叠,而高沸点组分因柱温太低,滞留时间长,色谱峰扩张严重,甚至在一次分析中不出峰。

程序升温气相色谱法(programmed temperature gas chromatography,PTGC)是色谱柱按预定程序分阶段地进行升温的气相色谱法。采用程序升温技术,可使各组分在最佳的柱温流出色谱柱,以改善复杂样品的分离。另外,在程序升温操作中,随着柱温的升高,各组分加速运动,当柱温接近各组分的保留温度时,各组分以大致相同的速度流出色谱柱,因此在 PTGC 中各组分的峰宽大致相同,称为等峰宽。

三、实验仪器和试剂

实验仪器:气相色谱仪;色谱柱:PEG - 20M;微量注射器(1 μL)一支。

试剂:甲醇、乙醇、正丙醇、正丁醇、异丁醇、异戊醇、正己醇、环己醇、正辛醇(均为色谱纯或分析纯),按大致 1∶1 的体积比混合制成样品。

四、实验步骤

(1)操作条件。柱温:初始温度 40 ℃,以 7 ℃ · min^{-1} 的速率升温至 160 ℃,保持 1 min,然后以15 ℃ · min^{-1} 的速率上升至 260 ℃(终止温度),再保持 1 min。

气化室温度:190 ℃;检测器温度:250 ℃;进样量:0.4 μL;载气(高纯 N_2)流速:25～35 mL · min^{-1};氢气流速:40 mL · min^{-1};空气流速:400mL · min^{-1}。

(2)通载气,启动仪器并设定以上温度参数。在初始温度下,参考火焰离子化检测器的操作方法,点燃火焰离子化检测仪(flame ionization detector,FID),调节气体流量。待基线走后进样并启动升温程度,记录每一组分的保留温度。升温程度结束,待柱温降至初始温度方可进行下一轮操作。作为对照,在其他条件不变的情况下,恒定柱温 175 ℃,得到醇系物在恒定柱温条件下的色谱图。

五、实验数据记录与分析

组分	甲醇	乙醇	正丙醇	正丁醇	异丁醇	异戊醇	环己醇	正辛醇	正己醇
沸点									
保留温度 （保留时间）									

六、讨论和思考题

(1)与恒温色谱法相比,程序升温气相色谱法具有哪些优点?

(2)何为保留温度(t_R)? 它在 PTGC 中有何意义?

(3)在 PTGC 中能采用峰高(h)定量吗? 为什么?

实验 24　稠环芳烃的高效液相色谱法分析

一、实验目的

(1)了解高效液相色谱仪的工作原理,学习高效液相色谱仪器的基本使用方法。

(2)理解和掌握色谱定量校正因子的意义和测定方法。

(3)学习用外标法(或校正归一化法)色谱定量方法。

二、实验原理

采用非极性的十八烷基硅烷(ODS)键合相为固定相和极性的甲醇-水溶液为流动相的反相色谱分离模式特别适合同系物(如苯系物等)的分离。苯系物和稠环芳烃具有共轭双键,但因共轭体系的大小和极性不同,在固定相和流动相之间的分配系数不同,导致在柱内的移动速率不同而先后流出柱子。苯系物和稠环芳烃在紫外区有明显的吸收,可以利用紫外检测器进行检测。在相同的实验条件下,可以将测得的未知物的保留时间与已知纯物质作对照而进行定性分析。

由于各组分在检测波长的摩尔吸收系数不同,同样浓度组分的峰面积不相等,因此在以峰面积或峰高为依据进行归一化定量分析时,需经校正因子校正后才能达到准确定量的要求。但在以外标法进行定量分析时,由于是在相同实验条件下对同一组分进行检测,因此不需要考虑校正因子,可根据试样和标样中组分的色谱峰面积 A_i(或峰高 h_i)和 A_s 及标样中的质量分数 w_s,直接计算出试样中组分的质量分数 w_i:

$$w_i = \frac{w_s A_i}{A_s} \times 100\% \quad 或 \quad w_i = \frac{w_s h_i}{h_s} \times 100\%$$

三、实验仪器和试剂

实验仪器:高效液相色谱仪(配紫外检测器,检测波长 254 nm),以色谱工作站联机控制仪器、处理实验数据;超声波清洗机(流动相脱气用);$25\mu L$ 平头微量注射器;0.2 m 超滤膜;5 mL 针筒;2 cm 过滤头。

试剂:苯、甲苯、萘、联苯(均为 AR 级),甲醇为 HPLC 级,水为二次蒸馏水。

标准样品:用流动相分别配制含苯、甲苯、萘、联苯单组分及四组分混合样品各 1 份,组分浓度均约为 0.05%;流动相的体积配比为甲醇:水=85:15;试样。

四、实验步骤

(1)准备流动相。将色谱纯甲醇和色谱纯水按 60:40、70:30、80:20、90:10 比例配制 500 mL 溶液,混合均匀并经超声波脱气后加入仪器储液瓶中。

(2)按仪器的要求打开计算机和液相色谱主机,调整好流动相的流量、检测波长等参数,如流速 1.0 mL·min^{-1},检测波长 254 nm。

(3)用流动相冲洗色谱柱,直至工作站上色谱流出的曲线为一平直的基线(建议观察检测器的读数显示),将进样阀手柄拨到"Load"的位置,使用专用的液相色谱微量注射器取苯标准样品 50 μL 注入色谱仪进样口,然后将手柄拨到"Inject"位置,记录色谱图。

(4)用同样方法分别取苯、甲苯、二甲苯标准样品 10 μL 进样,记录色谱峰的保留时间,确定出峰顺序,重复 2 次。

(5)取混合物标准溶液 10 μL 进样分析,测得标样中四组分的出峰时间、半峰宽、峰高和峰面积,重复 2 次。

(6)取未知试样 10 μL 进样,由色谱峰的保留时间进行定性分析,记录各个出峰时间、半峰宽、峰高和峰面积,重复 2 次。最后,计算柱效、分离度、相对保留值和进行外标法定量。

(7)待实验全部结束后将流速降为 0,待压力降为 0,按开机的逆次序关机。

五、实验数据记录与分析

(1)参数优化。标样样品号_____;色谱柱_____;紫外检测器;检测波长_____ nm 不同比例的色谱图。

(2)标样样品号_____;流动相比例:_____ 检测波长_____ nm。

组分名称	保留时间	半峰宽	峰面积	峰高

(3)样品号_____ 流动相比例:_____ 检测波长_____ nm。

组分名称	保留时间	半峰宽	峰面积	峰高

(4)计算色谱柱参数 n、k',以及相邻两峰的 α、R。

六、讨论和思考题

(1)紫外检测器是否适用于检测所有的有机化合物？为什么？

(2)若实验获得的色谱峰面积太小,应如何改善实验条件？

(3)为什么高效液相色谱多在室温下进行分离检测,而气相色谱法相对要在较高的柱温下操作？

实验 25　毛细管电泳法测定饮料中苯甲酸钠含量

一、实验目的

(1)了解毛细管电泳实验原理。

(2)掌握毛细管电泳仪的操作方法,并设计样品组分的分析过程。

(3)学会处理实验数据,分析实验结果。

二、实验原理

毛细管电泳(capillary electrophoresis,CE)所用的石英毛细管柱,在 pH>3 的情况下,其内表面带负电,和溶液接触时会形成双电层。在高电压的作用下,双电层中的水合阳离子引起流体整体的朝负极方向移动的现象叫电渗。粒子在毛细管内电解质中的迁移速度等于电泳流和电渗流(electro - osmotic flow,EOF)两种速度的矢量和,正离子的运动方向和电渗流一致,故最先流出;中性粒子的电泳流速度为"零",故其迁移速度相当于电渗流速度;负离子的运动方向和电渗流方向相反,但因电渗流速度一般都大于电泳流速度,故它将在中性粒子之后流出。各种粒子因在毛细管内电解质中迁移速度不同而实现分离。

电渗是 CE 中推动流体前进的驱动力,它使整个流体像一个塞子一样以均匀速度向前运动,使整个流型呈近似扁平型的"塞式流"。它使溶质区带在毛细管内不会扩张。

一般来说温度每提高 1 ℃,将使淌度增加 2%(淌度是指溶质在单位时间间隔内和单位电场上移动的距离)。降低缓冲液浓度可降低电流强度,使温差变化减小。高离子强度缓冲液可阻止蛋白质吸附于管壁,并可产生柱上浓度聚焦效应,防止峰扩张,改善峰形。

减小管径在一定程度上缓解了由高电场引起的热量积聚,但细管径使进样量减少,造成进样、检测等技术上的困难。因此,加快散热是减小自热引起的温差的重要途径。毛细管电泳工作机理如图 4-9 所示。

三、实验仪器和试剂

实验仪器:电泳仪。

试剂:缓冲溶液(20 mmol • L^{-1} $Na_2B_4O_7$);

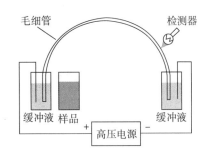

图 4-9　毛细管电泳工作机理

1 mol·L^{-1} NaOH 溶液；二次去离子水；未知样饮料（雪碧和醒目）。

四、实验步骤

1. 仪器的预热和毛细管的冲洗

打开仪器和配套的工作站。工作温度设置为 30 ℃，不加电压，冲洗毛细管，顺序依次是 1 mol·L^{-1} NaOH 溶液 5 min，二次去离子水 5 min，10 mmol·L^{-1} NaH$_2$PO$_4$-Na$_2$HPO$_4$（1∶1）缓冲溶液 5 min，冲洗过程中出口（outlet）对准废液的位置，并不要升高托架。

2. 混合标样的配制

毛细管冲洗的同时，配制标样苯甲酸浓度依次为 0.05 mg·mL^{-1}、0.10 mg·mL^{-1}、0.20 mg·mL^{-1}、0.50 mg·mL^{-1}、1.00 mg·mL^{-1}。

3. 标准曲线的绘制

待毛细管冲洗完毕，取 1 mL 混合标样，置于塑料样品管，放在电泳仪进口（inlet）托架上"Sample"的位置，然后调整出口（outlet）对准缓冲溶液（buffer），升高托架并固定，然后开始进样。进样压力 30 mbar，进样时间 5 s。进样后将进口（inlet）托架的位置换回缓冲溶液（buffer），切记换回 buffer 的位置！选择方法 2004CE.mtw，修改合适的文件说明，然后开始分析，电压为 25 kV，时间约为 10 min。

4. 未知浓度混合样品的测定

方法与条件同上，测试未知浓度混合样品，分析时间约 25 min，据苯甲酸钠标准曲线测雪碧与醒目这两种饮料中的苯甲酸钠的含量。

5. 不同缓冲溶液下迁移时间的变化

未知浓度混合样品的测定完毕后，冲洗毛细管，顺序依次是 1 mol·L^{-1} NaOH 溶液 5 min，二次去离子水 5 min，然后更换进出口两端的缓冲溶液为 20 mmol·L^{-1} Na$_2$B$_4$O$_7$，冲洗 5 min；并在此条件下测试未知浓度混合样品，电压为 25 kV，时间约为 10 min。按照前面的顺序再次冲洗毛细管，再次更换进出口两端的缓冲溶液为 10 mmol·L^{-1} NaH$_2$PO$_4$-Na$_2$HPO$_4$ pH 为 6，冲洗 5 min；并在此条件下测试未知浓度混合样品，电压为 25 kV，时间约为 15 min。图 4-10 为苯甲酸钠的标准曲线。

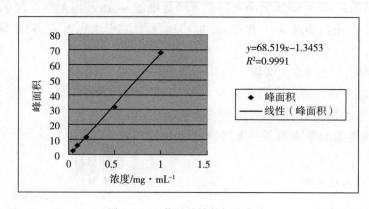

$y=68.519x-1.3453$
$R^2=0.9991$

◆　峰面积
——　线性（峰面积）

浓度/mg·mL^{-1}

峰面积

图 4-10　苯甲酸钠的标准曲线

五、实验数据记录与分析

数据记录见下表所列。

浓度/mg·mL^{-1}	峰面积
0.05	2.58517
0.1	6.15234
0.2	11.6612
0.5	31.9094
1	67.7262

按照已知浓度峰的积分面积之比折算未知浓度混合样品中各个组分的浓度(外标定量法)。

据标准曲线方程分别计算醒目和雪碧中苯甲酸钠浓度。

六、讨论和思考题

(1)冲洗毛细管时禁止在毛细管上加电压;不允许更改讲义上给定的工作电压,也不建议改变进样时间。

(2)样品和缓冲溶液之间的切换是手动的,在实验过程中要随时注意是不是放在正确位置;如果在分析时将样品或者洗涤液当作缓冲溶液,请停止分析并重新用对应缓冲溶液冲洗管路 10 min。冲洗毛细管对于实验结果的可靠性和重现性至关重要,务必认真完成每一次冲洗,不允许缩短冲洗时间或者不冲洗。

(3)做完实验以后一定要用水冲洗毛细管,一天做完以后要用空气吹干,否则可能会导致毛细管堵塞,严重影响后面组的同学实验。

(4)塑料样品管的里面容易产生气泡,轻敲管壁排出气泡以后方可放入托管架。

4.6　分析化学综合实验

实验 26　明矾石中 SO_4^{2-}、Fe、Al、Ca、Mg 含量的测定

一、实验目的

(1)了解晶形沉淀的沉淀条件原理和沉淀方法,练习重量分析过程中的过滤、洗涤、灼烧的操作技术。

(2)用重量法测定明矾石中的 SO_4^{2-},并用换算因数计算 SO_4^{2-} 的含量。

(3)掌握络合滴定的几种测定方法——直接滴定法、置换滴定法等。

（4）进一步掌握络合滴定的原理，特别是通过控制试液的酸度、温度及选择适当的掩蔽剂和指示剂等条件，在铁、铝、钙、镁共存时分别测定它们的含量。

（5）初步掌握对复杂试样定量分析的综合实验过程。

二、实验原理

明矾石是一种重要的工业原料。通过对明矾石分析得出的结果，可以及时地调整原料配比，有利于控制生产工艺。明矾石的主要成分有 SO_4^{2-}、Fe、Al、Ca、Mg 等，试样经盐酸分解后，可用重量法测定 SO_4^{2-} 的含量，明矾石中的 Fe、Al、Ca、Mg 经酸溶解后以 Fe^{3+}、Al^{3+}、Ca^{2+}、Mg^{2+} 等形式存在，它们都能与 EDTA 形成稳定的配离子，并且这几种金属离子与 EDTA 配合的稳定性有较显著的差别。（Fe^{3+}、Al^{3+}、Ca^{2+}、Mg^{2+} 与 EDTA 配合的稳定常数 $\lg K_{MY}$ 分别为 25.1、16.1、10.69、8.69，所以可以用控制适当酸度或掩蔽的方法来分别滴定 Fe^{3+}、Al^{3+}、Ca^{2+}、Mg^{2+} 的含量。）

本法控制酸度范围 pH 为 2～2.5，温度为 60～70 ℃，用磺基水杨酸为指示剂，以 EDTA 标准溶液滴定 Fe，终点由红色变成淡黄色（测定温度低于 50 ℃，反应速度缓慢，高于 70 ℃有 Al 存在时，测定结果偏高）。

在 pH＝4.5 时，Al 与 EDTA 形成了稳定络合物，但此时 Zn^{2+}、Pb^{2+}、Cu^{2+}、Ni^{2+} 等共存时也会和 EDTA 形成稳定络合物，从而引起误差，使测定结果偏高。可采用置换滴定法测定 Al^{3+}，即用一种络合剂（F^-）置换出待测金属离子与 EDTA 络合物中的 EDTA，然后用其他金属离子（Cu^{2+}）标准溶液滴定置换的 EDTA。

$$AlY^- + 6F^- = AlF_6^{3-} + Y^{4-}$$

$$Y^{4-} + Cu^{2+} = CuY^{2-}$$

当 pH＝10 时，可用 EDTA 标准溶液测定 Ca、Mg 总量；当 pH＞12 时，可用沉淀掩蔽法掩蔽 Mg^{2+}，用 EDTA 标准溶液测定 Ca^{2+}，通过两次差减，即可分别求出 Ca、Mg 的含量。

在测定 Ca^{2+}、Mg^{2+} 时，Fe^{3+}、Al^{3+} 有干扰，可在 pH 为 5.5～6.5 的条件下，使之沉淀为氢氧化物，通过过滤分离消除干扰。为防止少量 Fe^{3+}、Al^{3+} 存在，可加三乙醇胺掩蔽之。

三、实验仪器和试剂

实验仪器：分析天平；马弗炉；干燥箱；电热板；漏斗架；酸式滴定管和碱式滴定管（50 mL）各 1 支；锥形瓶（250 mL）3 个；容量瓶（250 mL）2 个。

试剂：1∶1 HCl 溶液；10% NaOH 溶液；10%盐酸羟胺；10% $BaCl_2$ 溶液；0.1 mol·L^{-1} $AgNO_3$ 溶液；1∶1 三乙醇胺溶液；1∶1 $NH_3·H_2O$ 溶液；0.015 mol·L^{-1} EDTA 标准溶液；0.015 mol·L^{-1} $CuSO_4$ 标准溶液；钙指示剂；镁溶液（0.02 mol·L^{-1}）；甲基橙；$CaCO_3$（固体 G. R. 或 A. R.）；NH_4F（固体 A. R.）；0.25 mol·L^{-1} 草酸铵溶液；NH_4F 固体（固体 A. R.）；HAc－NaAc（pH＝4.5 缓冲溶液）；NH_3－NH_4Cl（pH＝10 缓冲溶液）；0.05%溴甲酚绿；10%磺基水杨酸；0.2% PAN；铬黑 T；钙指示剂；0.02 mol·L^{-1} $KMnO_4$ 溶液；2 mol·L^{-1} H_2SO_4 溶液；$Na_2C_2O_4$ 固体（固体 G. R. 或 A. R.）。

四、实验步骤

1. EDTA、$CuSO_4$、$CaCO_3$ 等试剂溶液的配制与标定

1）0.015 mol·L^{-1} EDTA 溶液的配制

在分析天平上称取 EDTA 约 2.8 g，溶于 200 mL 蒸馏水中，稀释至 500 mL，移入 500 mL 细口瓶中，摇匀备用。

2）0.015 mol·L^{-1} $CuSO_4$ 溶液的配制

在分析天平上称取 $CuSO_4$ 约 1.2 g（$CuSO_4$·$5H_2O$ 1.9 g）溶于 200 mL 蒸馏水中，稀释至 500 mL，移入 500 mL 细口瓶中，摇匀备用。

3）0.015 mol·L^{-1} $CaCO_3$ 标准溶液的配制

在分析天平上准确称取 0.4000 g $CaCO_3$ 标准物质，置于 100 mL 小烧杯中，滴加1∶1 HCl 至样品完全溶解，然后移入 250 mL 容量瓶中，加蒸馏水稀释至刻度，摇匀，备用（计算溶液中 Ca^{2+} 的物质量浓度）。

4）0.02 mol·L^{-1} $KMnO_4$ 溶液的配制

称取计算量的 $KMnO_4$，溶于适当量的蒸馏水中，加热煮沸 20～30 min（随时加水以补充因蒸发而损失的水）。冷却后在暗处放置 7～10 天，然后用玻璃砂芯漏斗或玻璃纤维除去 MnO_2 等杂质。滤液储于洁净的玻璃塞棕色试剂瓶中。放置于暗处保存。如果溶液经煮沸并在水浴上保温 1 h，冷却后过滤，则不必长期放置，就可以标定其浓度。

5）EDTA 标准溶液的标定

用移液管准确移取 $CaCO_3$ 标准溶液 25.00 mL 置于 250 mL 的锥形瓶中，加入蒸馏水约 25 mL、镁溶液约 2 mL 和 10% NaOH 5 mL，摇匀，再加入 3 mL 三乙醇胺，摇匀。加入约 10 mg 钙指示剂（绿豆粒大小），用待标定的 EDTA 标准溶液滴定溶液由酒红色至蓝色，即为终点（计算 EDTA 的浓度）。

6）$CuSO_4$ 标准溶液的标定

准确移取 25.00 mL 上述已标定的 EDTA 标准溶液于 250 mL 锥形瓶中，用蒸馏水稀释至约 100 mL，加入 15 mL pH 为 4.5 的 HAc - NaAc 缓冲液，加热至沸，取下稍冷，加 20 滴 0.2% PAN 指示剂，用待标定的 $CuSO_4$ 溶液滴定之。开始时溶液呈黄色，随着 $CuSO_4$ 标准溶液的加入，颜色逐渐变绿并加深，随之出现由蓝绿色变为灰绿色的过程，在灰绿色溶液中再加 1 滴 $CuSO_4$ 标准溶液，即变紫色（如出现蓝色，则指示剂量不足），即为终点（计算溶液中 Cu^{2+} 的物质量浓度）。

7）$KMnO_4$ 标准溶液的标定

准确称取 0.15 g 经干燥的 $Na_2C_2O_4$ 基准物质于 250 mL 锥形瓶中，加蒸馏水约 25 mL 使之溶解，再加 15 mL 2 mol·L^{-1} 的 H_2SO_4 溶液，加热至 70～75 ℃。立即用待标定的 $KMnO_4$ 标准溶液滴定溶液至微红色 30 s 不退，即为终点（计算 $KMnO_4$ 的物质量浓度）。

2. 试样分析

1）试样的分解

准确称取已干燥的明矾石试样 3.0～4.0 g 于 400 mL 烧杯中，加入 1∶1 HCl 约 60 mL，边滴加边搅拌，加热至试样溶解，待冷却后移入 250 mL 容量瓶中，加蒸馏水稀释至

刻度,摇匀,备用。

2)SO_4^{2-}含量的测定

准确移取上述明矾石试样溶液 25.00 mL 于 400 mL 烧杯中,加入 5 mL 10％盐酸羟胺溶液,加蒸馏水稀释至 100 mL,将溶液加热至沸 3 min,取下烧杯放置于实验台面,在不断搅拌下缓慢滴加 10％的 $BaCl_2$ 溶液约 10 mL,使其沉淀完全。烧杯盖上表面皿,在室温下陈化 1 h。完全冷至室温,用慢速定量滤纸过滤,洗涤沉淀至无 Cl^-。将沉淀和滤纸移入已在 800～850 ℃灼烧至恒重的瓷坩埚中,烘干、灰化后,置于马弗炉中,于 800～850 ℃下灼烧至恒重。根据所得 $BaSO_4$ 的质量,计算 SO_4^{2-} 的百分含量。

3)Fe、Al 的测定

(1)Fe 的测定。准确移取 25.00 mL 试样溶液于 250 mL 锥形瓶中,加蒸馏水 20 mL,加 2 滴溴甲酚绿指示剂(溴甲酚绿指示剂在 pH 小于 3.8 时呈黄色,大于 5.4 时呈绿色),此时溶液呈黄色。逐滴滴加 1∶1 氨水使之呈绿色。然后用 1∶1 HCl 溶液调至黄色后再过量 3 滴,此时溶液酸度约为 pH＝2。加热至约 70 ℃(根据经验,感到烫手但还不觉得非常烫),取下,加 4 滴 10％磺基水杨酸指示剂。用已标定的 EDTA 标准溶液滴定溶液由红紫色至亮黄色,即为终点。

(2)Al 的测定。在上述滴定铁含量后的溶液中,加入约 20 mL(过量)EDTA 标准溶液,摇匀,再加入 15 mL pH 为 4.5 的 HAc－NaAc 缓冲液,加热煮沸,取下稍冷,加入 20 滴 0.2％ PAN 指示剂。用已标定的 $CuSO_4$ 标准溶液滴定溶液由黄色至紫色(不记读数)。加入 1 g 固体氟化胺,加热煮沸,取下,稍冷,加入 20 滴 0.2％ PAN 指示剂,再用 $CuSO_4$ 标准溶液滴至紫色,记下读数(注意滴定过程中颜色的变化)。

$$Fe\% = (C_{EDTA} \times V_{EDTA} \times M_{Fe}/1000) \times 100/(W_{试} \times 25/250)$$

$$Al\% = (C_{CuSO_4} \times V_{CuSO_4} \times M_{AL}/1000) \times 100/(W_{试} \times 25/250)$$

4)Ca、Mg 的测定

(1)Ca、Mg 总量的测定。移取 10.00 mL 试液于小烧杯中,滴加 $NH_3 \cdot H_2O$ 至 Fe、Al 成氢氧化物沉淀,此时 pH 应为 5.5～6.5,干过滤。将滤液置于 250 mL 锥形瓶中,洗净沉淀、烧杯后,在滤液中加入 1∶1 三乙醇胺 5 mL,摇匀,加入 pH＝10 的 $NH_3－NH_4Cl$ 缓冲液 10 mL、铬黑 T 指示剂 1 滴,用 EDTA 标准溶液滴定溶液由红色至纯蓝色,即为终点。

(2)Ca 的测定(方法 1)。另移取 10.00 mL 试液于 250 mL 锥形瓶中,加蒸馏水稀释至 100 mL,加入 1∶1 三乙醇胺 10 mL,摇匀,缓慢加入 10％的 NaOH 10 mL,摇匀,加入约 10 mg 钙指示剂。用 EDTA 标准溶液滴定溶液由红色至纯蓝色,即为终点。

由以上两次读数的差减,可分别计算出 Ca、Mg 的含量。

(3)Ca 的测定(方法 2)——$KMnO_4$ 法测定 Ca。用沉淀分离(均相沉淀)的基本知识,分离 Ca,用 $KMnO_4$ 标准溶液测定 Ca^{2+} 的含量。准确移取试样原液 10.00 mL,置于小烧杯中,滴加 $NH_3 \cdot H_2O$ 至 Fe、Al 成氢氧化物沉淀,此时 pH 应为 5.5～6.5,干过滤。将滤液置于 400 mL 烧杯中,洗净沉淀、烧杯后(滤液控制在 200 mL),加入甲基橙指示剂 2～3 滴,用 1∶1 HCl 调整溶液至橙红色后,再补加 5 滴。加热近沸,加入 0.25 mol · L^{-1} 的 $(NH_4)_2C_2O_4$ 溶液 15～20 mL(若出现沉淀,用 1∶1 HCl 溶解,注意勿多加)。将溶液加热至 70~80 ℃,在不断搅拌下以每秒 1~2 滴的速度滴加 1:1 NH₃·H₂O 至溶液由红色变为橙黄色,继续保温约 30 min,放置冷却。过滤,以倾泻法洗涤 CaC₂O₄ 沉淀至不含 Cl⁻ 为止。

将带有沉淀的滤纸贴在原贮沉淀的烧杯内壁(沉淀向外)。用 25 mL 2 mol·L⁻¹ H₂SO₄ 溶液仔细将滤纸上沉淀洗入烧杯,用蒸馏水稀释至 100 mL,加热至 70~80 ℃,用 KMnO₄ 标准溶液滴定溶液粉红色。然后将滤纸浸入溶液中,用玻璃棒搅拌,若溶液褪色,再滴入 KMnO₄ 溶液,直至粉红色经 30 s 不褪,即为终点。

根据 KMnO₄ 用量和试样重量计算试样钙(或 CaO)的百分含量。

五、实验数据记录与处理

根据实验测得的结果,分析明矾石中 SO_4^{2-}、Fe、Al、Ca、Mg 的含量。

六、讨论和思考题

(1)SO_4^{2-} 测定过程中,形成晶型 BaSO₄ 沉淀注意哪些问题?

(2)Al 测定过程中,不能采用 EDTA 直接滴定,为什么?试用文字及反应方程式说明间接测定 Al 的方法原理。

(3)在配位测定 Ca、Mg 总量过程中,加入三乙醇胺的目的是什么?什么是金属指示剂的封闭?

(4)KMnO₄ 与 $C_2O_4^{2-}$ 反应过程中为什么要特别注意控制反应的酸度、温度及滴定速度?

实验 27　原子吸收分光光度法测定水中 Cu、Zn 含量——标准曲线法

一、实验目的

(1)掌握原子吸收分光光度法的基本原理。

(2)了解原子吸收分光光度计的基本结构及其使用方法。

(3)掌握火焰原子吸收光谱分析的基本操作,加深对灵敏度、准确度、空白等概念的认识。

(4)应用标准曲线法测定水中 Cu、Zn 含量。

二、实验原理

原子吸收分光光度法是基于物质所产生的原子蒸气对特定谱线(即待测元素的特征谱线)的吸收作用进行定量分析的一种方法。

若使用锐线光源,待测组分为低浓度,在一定的实验条件下,基态原子蒸气对共振线的吸收符合下式:

$$A = \varepsilon bc$$

当 b 以 cm 为单位,c 以 mol·L⁻¹ 为单位表示时,ε 称为摩尔吸收系数,单位为 mol·L⁻¹·cm⁻¹。上式就是 Lambert - beer 定律的数学表达式。如果控制 b 为定值,上式变为

$$A = Kc$$

上式就是原子吸收分光光度法的定量基础。定量方法可用标准加入法或标准曲线法。

标准曲线法是原子吸收分光光度分析中常用的定量方法,常用于未知试液中共存的基体成分较为简单的情况,如果溶液中基体成分较为复杂,则应在标准溶液中加入相同类型和浓度的基体成分,以消除或减少基体效应带来的干扰,必要时须采用标准加入法而不是标准曲线法。标准曲线法的标准曲线有时会发生向上或向下弯曲现象。要获得线性好的标准曲线,必须选择适当的实验条件,并严格执行。

三、实验仪器和试剂

实验仪器:原子吸收分光光度计;50 mL 比色管 8 支;100 mL 容量瓶 3 个;5 mL 移液管 2 支;50 mL 小烧杯 2 个。

试剂:纯铜粉;纯锌粉;浓硝酸;Cu 标准贮备液（1 mg·mL^{-1}）;Zn 标准贮备液（11 mg·mL^{-1}）;Cu 标准溶液（50 μg·mL^{-1}）;Zn 标准溶液（50 μg·mL^{-1}）;Cu、Zn 混合标准溶液;未知水样。

四、实验步骤

1. Cu、Zn 标准贮备液的配制

1）Cu 标准贮备液的配制（1 mg·mL^{-1}）

准确称取 1.0000 g 纯铜粉于 1000 mL 烧杯中,加 5 mL 浓硝酸溶解后,移入 1000 mL 容量瓶中,加蒸馏水稀释并定容至刻度,摇匀,备用。

2）Zn 标准贮备液的配制（1 mg·mL^{-1}）

准确称取 1.0000 g 纯锌粉于 1000 mL 烧杯中,加 5 mL 浓硝酸溶解后,移入 1000 mL 容量瓶中,加蒸馏水稀释并定容至刻度,摇匀,备用。

2. Cu、Zn 标准溶液的配制

1）Cu 标准溶液的配制（50 μg·mL^{-1}）

准确移取 1 mg·mL^{-1} 铜标准贮备液 5.00 mL 于 100 mL 容量瓶中,加蒸馏水稀释并定容至刻度,摇匀,备用。

（2）Zn 标准溶液的配制（50 μg·mL^{-1}）

准确移取 1 mg·mL^{-1} 锌标准贮备液 5.00 mL 于 100 mL 容量瓶中,加蒸馏水稀释并定容至刻度,摇匀,备用。

3. Cu、Zn 混合标准溶液的配制

用移液管分别移取 0.00 mL、1.00 mL、2.00 mL、3.00 mL、4.00 mL、5.00 mL 50 μg·mL^{-1}Cu标准溶液和 0.00 mL、0.25 mL、0.50 mL、1.00 mL、1.50 mL、2.00 mL 50 μg·mL^{-1}Zn标准溶液于 6 个 50 mL 容量瓶中,用蒸馏水定容至刻度,摇匀,得到铜浓度为 0.00 μg·mL^{-1}、1.00 μg·mL^{-1}、2.00 μg·mL^{-1}、3.00 μg·mL^{-1}、4.00 μg·mL^{-1}、5.00 μg·mL^{-1},锌浓度为 0.00 μg·mL^{-1}、0.25 μg·mL^{-1}、0.50 μg·mL^{-1}、1.00 μg·mL^{-1}、1.50 μg·mL^{-1}、2.00 μg·mL^{-1}的 Cu、Zn 混合标准溶液。依次编号,备用。

4. 未知水样配制

Cu 浓度约为 $50\ \mu g/mL$，Zn 浓度约为 $30\ \mu g/mL$。

5. 测试

准确吸取适量水样于 50 mL 比色管中，用水稀释至刻度，摇匀备用。（做平行样）

根据实验条件，将原子吸收分光光度计，按仪器操作步骤进行调节，待仪器电路和气路系统达到稳定，即可测定以上各溶液的吸光度。

五、实验数据记录与分析

1. 记录实验条件

Cu、Zn 测定条件

元素	特征谱/ nm	灯电/ mA	光谱通带/ nm	燃气流量/ mL · min^{-1}	燃烧器高度/ mm
Cu	324.7	3.0	0.4	2000	5.0
Zn	213.8	3.0	0.4	1000	6.0

2. 列表记录测量 Cu、Zn 标准系列和样品溶液的吸光度

标准样号	1	2	3	4	5	6	水样 1	水样 2
Cu 浓度/ $\mu g \cdot mL^{-1}$	0.00	1.00	2.00	3.00	4.00	5.00		
吸光度								
Zn 浓度/ $\mu g \cdot mL^{-1}$	0.00	0.25	0.50	1.00	1.50	2.00		
吸光度								

六、讨论和思考题

（1）原子吸收光谱的理论依据是什么？

（2）原子吸收分光光度分析为何要用待测元素的空心阴极灯做光源？能否用氢灯或钨灯代替，为什么？

（3）如何选择最佳的实验条件？

实验 28　分子荧光光度法对 $MnCl_2/CH_3OH$ 溶液团簇的变化规律研究

一、实验目的

（1）了解、掌握荧光光谱仪的结构、原理及使用方法。

（2）学习荧光分光光度计的构造和各组成部分的作用。

(3)掌握荧光光度计分析物质的特征荧光光谱——激发光谱、发射光谱的测定方法。

(4)学习和理解金属离子与溶剂通过溶剂化作用形成离子配体的分析方法。

二、实验原理

受光激发的分子经振动弛豫、内转换、振动弛豫到达第一电子激发单重态的最低振动能级,以辐射的形式失活回到基态,发出荧光。由于无辐射使分子吸收的能量有部分损失,因此荧光的能量比吸收的能量小,即荧光波长一般比激发光波长长。

激发光谱是指发光的某一谱线或谱带的强度随激发光波长(或频率)变化的曲线。横坐标为激发光波长,纵坐标为发光相对强度。激发光谱反映不同波长的光激发材料产生发光的效果。激发光谱是在固定荧光波长下,测量荧光体的荧光强度随激发波长变化的光谱。激发光谱获得方法:先把第二单色器的波长固定,使测定的 λ_{em} 不变,改变第一单色器波长,让不同波长的光照在荧光物质上,测定它的荧光强度,以 I 为纵坐标,λ_{ex} 为横坐标,所得图谱即为荧光物质的激发光谱,从曲线上找出 λ_{ex},一般选波长较长的高波长峰。

发射光谱是指发光的能量按波长或频率的分布。通常实验测量的是发光的相对能量。发射光谱中,横坐标为波长(或频率),纵坐标为发光相对强度。发射光谱常分为带谱和线谱,有时也会出现既有带谱又有线谱的情况。发射光谱获得方法:先把第一单色器的波长固定,使激发的 λ_{ex} 不变,改变第二单色器波长,让不同波长的光扫描,测定它的发光强度,以 I 为纵坐标,以 λ_{em} 为横坐标,所得图谱即为荧光物质的发射光谱,从曲线上找出最大的 λ_{em}。

当分子在紫外或可见光的照射下,吸收了辐射能后,形成激发态分子,分子外层的电子在 10^{-8} s 内返回基态,在返回基态的过程中,部分能量通过碰撞以热能形式释放,跃至第一激发态的最低振动能级,其余的能量以辐射形式释放出来。这种分子在光的照射下,分子外层电子从第一激发态的最低振动能级跃至基态时,发射出来的光称为分子荧光。它是由光致发光而产生的,通常分子荧光的波长比照射光长。分子荧光强度可用下式表示:

$$I_F = 2.3K' \cdot K \cdot bcI_0$$

式中:K' 取决于荧光效率;

K——荧光分子的摩尔吸光系数;

b——液槽厚度;

c——荧光物质的浓度。

由此可见在一定条件下,荧光强度与物质的浓度呈线性关系。当 I_0 一定时,则有

$$I_F = K \cdot c$$

又因荧光物质的猝灭效应,此法仅适用于痕量物质分析。

三、实验仪器和试剂

实验仪器:分子荧光光谱仪;容量瓶(100 mL)1 个,烧杯(50 mL)1 个,玻璃棒 1 个,容量瓶(50 mL)6 个,5 mL、10 mL、15 mL、20 mL、25 mL 吸量管各 1 支,石英比色皿(四面

透光)2 个。

试剂:氯化锰标准溶液(0.1607 mol·L^{-1}准确称取 3.1804 g 固体氯化锰,在室温下,用甲醇溶液完全溶解后,定容于 100 mL 容量瓶中,摇匀);无水乙醇(分析纯)。

四、实验步骤

1. 系列标准溶液的配制

取 6 个 50 mL 容量瓶,分别加入 0.1607 mol·L^{-1} 氯化锰标准溶液 0.00 mL、3.00 mL、6.00 mL、9.00 mL、12.00 mL、15.00 mL,用分析纯甲醇稀释至刻度,摇匀,静置。

2. 绘制激发光谱和荧光发射光谱

以 $\lambda_{em}=400$ nm,在 250～650 nm 范围扫描激发光谱;$\lambda_{ex}=275$ nm,在 250～600 nm 范围扫描荧光发射光谱。

3. 测量系列标准溶液荧光谱图

将激发波长固定在 275 nm,荧光发射波长固定在 365 nm,测量系列标准溶液的荧光光谱图。

五、实验数据记录与分析

将实验中测得的氯化锰-甲醇溶液的光谱图在 Origin 或 Excel 软件上进行基线调整、平滑和高斯拟合,拟合峰数为三,记录各峰面积(用 S_0,S_1,S_2 表示)、峰位置和总面积 S,计算相对积分面积 $W_i(\%)=(S_i/S)\times100\%$($i=0,1,2$),绘制相对积分面积随浓度的变化曲线。相对积分面积可代入公式进行计算,得出锰离子与甲醇形成离子配体的种类以及在谱图中的位置。

在氯化锰溶液中,溶剂化的作用导致锰离子与甲醇形成不同的配位构型,不同的配位构型对应的光谱峰位置不同,按照配位构型的大小及其刚性平面的强弱,推测 317 nm 为 $[Mn(CH_3OH)_n]^{2+}$($n=5\sim6$),365 m 为 $[Mn(CH_3OH)_n]^{2+}$($n=3\sim4$),397 nm 为 $[Mn(CH_3OH)_n]^{2+}$($n=1\sim2$)。

六、讨论和思考题

(1)在分子荧光光度法中,激发光谱和发射光谱如何准确获取?

(2)对金属离子形成配位构型种类的分析方法有哪些?

(3)氯化锰应贮存于阴凉、通风、干燥的环境中,密封保存,测量时应减少暴露在空气中的时间。

附　　录

附录1　元素的相对原子质量表

原子序数	名称	符号	相对原子质量	原子序数	名称	符号	相对原子质量
1	氢	H	1.00794	25	锰	Mn	54.938045
2	氦	He	4.002602	26	铁	Fe	55.845
3	锂	Li	6.941	27	钴	Co	58.933195
4	铍	Be	9.012182	28	镍	Ni	58.6934
5	硼	B	10.811	29	铜	Cu	63.546
6	碳	C	12.0107	30	锌	Zn	65.38
7	氮	N	14.0067	31	镓	Ga	69.723
8	氧	O	15.9994	32	锗	Ge	72.64
9	氟	F	18.9984032	33	砷	As	74.9216
10	氖	Ne	20.1797	34	硒	Se	78.96
11	钠	Na	22.98976928	35	溴	Br	79.904
12	镁	Mg	24.305	36	氪	Kr	83.798
13	铝	Al	26.9815386	37	铷	Rb	85.4678
14	硅	Si	28.0855	38	锶	Sr	87.62
15	磷	P	30.973762	39	钇	Y	88.90585
16	硫	S	32.065	40	锆	Zr	91.224
17	氯	Cl	35.453	41	铌	Nb	92.90638
18	氩	Ar	39.948	42	钼	Mo	95.94
19	钾	K	39.0983	43	锝	Tc	[97.9072]
20	钙	Ca	40.078	44	钌	Ru	101.07
21	钪	Sc	44.955912	45	铑	Rh	102.9055
22	钛	Ti	47.867	46	钯	Pd	106.42
23	钒	V	50.9415	47	银	Ag	107.8682
24	铬	Cr	51.9961	48	镉	Cd	112.411

原子序数	名称	符号	相对原子质量	原子序数	名称	符号	相对原子质量
49	铟	In	114.818	81	铊	Tl	204.3833
50	锡	Sn	118.71	82	铅	Pb	207.2
51	锑	Sb	121.76	83	铋	Bi	208.9804
52	碲	Te	127.6	84	钋	Po	[208.982]
53	碘	I	126.90447	85	砹	At	[209.9871]
54	氙	Xe	131.293	86	氡	Rn	[222.0176]
55	铯	Cs	132.9054519	87	钫	Fr	[223]
56	钡	Ba	137.327	88	镭	Ra	[226]
57	镧	La	138.90547	89	锕	Ac	[227]
58	铈	Ce	140.116	90	钍	Th	232.03806
59	镨	Pr	140.90765	91	镤	Pa	231.03588
60	钕	Nd	144.242	92	铀	U	238.02891
61	钷	Pm	[145]	93	镎	Np	238.8486
62	钐	Sm	150.36	94	钚	Pu	242.8798
63	铕	Eu	151.964	95	镅	Am	244.8594
64	钆	Gd	157.25	96	锔	Cm	246.911
65	铽	Tb	158.92535	97	锫	Bk	248.9266
66	镝	Dy	162.5	98	锎	Cf	252.9578
67	钬	Ho	164.93032	99	锿	Es	253.9656
68	铒	Er	167.259	100	镄	Fm	259.0046
69	铥	Tm	168.93421	101	钔	Md	260.0124
70	镱	Yb	173.04	102	锘	No	261.0202
71	镥	Lu	174.967	103	铹	Lr	264.0436
72	铪	Hf	178.49	104	𬬻 *	Rf	269.0826
73	钽	Ta	180.94788	105	𬭊 *	Db	270.0904
74	钨	W	183.84	106	𬭳 *	Sg	273.1138
75	铼	Re	186.207	107	𬭛 *	Bh	274.1216
76	锇	Os	190.23	108	𬭶 *	Hs	272.106
77	铱	Ir	192.217	109	鿏 *	Mt	278.1528
78	铂	Pt	195.084	110	𫟼 *	Ds	283.1918
79	金	Au	196.966569	111	𬬭 *	Rg	282.184
80	汞	Hg	200.59	112	鿔 *	Cn	287.223

附录 2　常用化合物的相对分子质量表

化合物	相对分子质量	化合物	相对分子质量	化合物	相对分子质量
Ag_3AsO_4	462.53	$CaSO_4$	136.14	$FeCl_2 \cdot 4H_2O$	198.81
$AgBr$	187.77	$CdCl_2$	183.82	$FeCl_3 \cdot 6H_2O$	270.30
$AgCl$	143.35	$CdCO_3$	172.42	$Fe(NH_4)_2(SO_4)_2 \cdot 6H_2O$	
$AgCN$	133.91	CdS	144.47		392.125
Ag_2CrO_4	331.73	$Ce(SO_4)_2$	332.24	$FeNH_4(SO_4)_2 \cdot 12H_2O$	482.18
AgI	234.77	$Ce(SO_4)_2 \cdot 4H_2O$	404.30	$Fe(NO_3)_3$	241.86
$AgNO_3$	169.88	CH_3COOH	60.052	$Fe(NO_3)_3 \cdot 9H_2O$	404.00
$AgSCN$	165.96	CH_3COONa	82.034	FeO	71.846
$AlCl_3$	133.33	$CH_3COONa \cdot 3H_2O$	136.08	Fe_3O_4	231.54
$AlCl_3 \cdot 6H_2O$	241.43	CH_3COONH_4	77.083	Fe_2O_3	159.69
$Al(NO_3)_3$	213.01	CO_2	44.01	$Fe(OH)_3$	106.87
$Al(NO_3)_3 \cdot 9H_2O$	375.19	$CoCl_2$	129.84	FeS	87.91
Al_2O_3	101.96	$CoCl_2 \cdot 6H_2O$	237.93	Fe_2S_3	207.87
$Al(OH)_3$	78.00	$CO(NH_2)_2$	60.06	$FeSO_4$	151.90
$Al_2(SO_4)_3$	342.14	$Co(NO_3)_2$	182.94	$FeSO_4 \cdot 7H_2O$	278.01
$Al_2(SO_4)_3 \cdot 18H_2O$	666.41	$Co(NO_3)_2 \cdot 6H_2O$	291.03	H_3AsO_4	141.94
As_2O_3	197.84	CoS	90.99	H_3AsO_3	125.94
As_2O_5	229.84	$CoSO_4$	154.99	H_3BO_3	61.88
As_2S_3	246.02	$CoSO_4 \cdot 7H_2O$	281.10	HBr	80.912
$BaCl_2$	208.24	$CrCl_3$	158.35	HCl	36.461
$BaCl_2 \cdot 2H_2O$	244.27	$CrCl_3 \cdot 6H_2O$	266.45	HCN	27.026
$BaCO_3$	197.34	$Cr(NO_3)_3$	238.01	$H_2C_2O_4$	90.035
BaC_2O_4	225.35	Cr_2O_3	151.99	H_2CO_3	62.025
$BaCrO_4$	253.32	$CuCl_2$	134.45	$H_2C_2O_4 \cdot 2H_2O$	126.07
BaO	153.33	$CuCl$	98.999	$HCOOH$	46.026
$Ba(OH)_2$	171.34	$CuCl_2 \cdot 2H_2O$	170.48	HF	20.006
$BaSO_4$	233.39	CuI	190.45	Hg_2Cl_2	472.09
$BiCl_3$	315.34	$Cu(NO_3)_2$	187.56	$HgCl_2$	271.50
$BiOCl$	260.43	$Cu(NO_3)_2 \cdot 3H_2O$	241.60	$Hg(CN)_2$	252.63
$CaCl_2$	110.99	CuO	79.545	HgI_2	454.40
$CaCl_2 \cdot 6H_2O$	219.08	Cu_2O	143.09	$Hg_2(NO_3)_2$	525.19
CaC_2O_4	128.10	CuS	95.61	$Hg(NO_3)_2$	324.60
$CaCO_3$	100.09	$CuSCN$	121.62	$Hg_2(NO_3)_2 \cdot 2H_2O$	561.22
$Ca(NO_3)_2 \cdot 4H_2O$	236.15	$CuSO_4$	159.60	HgO	216.59
CaO	56.08	$CuSO_4 \cdot 5H_2O$	249.68	HgS	232.65
$Ca(OH)_2$	74.09	$FeCl_3$	162.21	$HgSO_4$	296.65
$Ca_3(PO_4)_2$	310.18	$FeCl_2$	126.75	Hg_2SO_4	497.24

化合物	相对分子质量	化合物	相对分子质量	化合物	相对分子质量
HI	127.91	$MgCl_2 \cdot 6H_2O$	203.30	Na_2SO_4	142.04
HIO_3	175.91	MgC_2O_4	112.33	$Na_2S_2O_3 \cdot 5H_2O$	248.17
HNO_3	63.013	$MgCO_3$	84.314	NH_3	17.03
HNO_2	47.013	$MgNH_4PO_4$	137.32	NH_4Cl	53.491
H_2O	18.015	$Mg(NO_3)_2 \cdot 6H_2O$	256.41	$(NH_4)_2C_2O_4$	124.10
H_2O_2	34.015	MgO	40.304	$(NH_4)_2CO_3$	96.086
H_3PO_4	97.995	$Mg(OH)_2$	58.32	$(NH_4)_2C_2O_4 \cdot H_2O$	142.11
H_2S	34.08	$Mg_2P_2O_7$	222.55	NH_4HCO_3	79.055
H_2SO_3	82.07	$MgSO_4 \cdot 7H_2O$	246.47	$(NH_4)_2HPO_4$	132.06
H_2SO_4	98.07	$MnCl_2 \cdot 4H_2O$	197.91	$(NH_4)_2MoO_4$	196.01
$KAl(SO_4)_2 \cdot 12H_2O$	474.38	$MnCO_3$	114.95	NH_4NO_3	80.043
KBr	119.00	$Mn(NO_3)_2 \cdot 6H_2O$	287.04	$(NH_4)_2S$	68.14
$KBrO_3$	167.00	MnO_2	86.937	NH_4SCN	76.12
KCl	74.551	MnO	70.937	$(NH_4)_2SO_4$	132.13
$KClO_3$	122.55	MnS	87.00	NH_4VO_3	116.98
$KClO_4$	138.55	$MnSO_4$	151.00	$NiCl_2 \cdot 6H_2O$	237.69
KCN	65.116	$MnSO_4 \cdot 4H_2O$	223.06	$Ni(NO_3)_2 \cdot 6H_2O$	290.79
K_2CO_3	138.21	Na_3AsO_3	191.89	NiO	74.69
K_2CrO_4	194.19	$NaBiO_3$	279.97	NiS	90.75
$K_2Cr_2O_7$	294.18	$Na_2B_4O_7$	201.22	$NiSO_4 \cdot 7H_2O$	280.85
$K_3Fe(CN)_6$	329.25	$Na_2B_4O_7 \cdot 10H_2O$	381.37	NO	30.006
$K_4Fe(CN)_6$	368.35	$NaCl$	58.443	NO_2	46.066
$KFe(SO_4)_2 \cdot 12H_2O$	503.24	$NaClO$	74.442	$Pb(CH_3COO)_2$	325.30
$KHC_8H_4O_4$	204.22	$NaCN$	49.007	$Pb(CH_3COO)_2 \cdot 3H_2O$	379.30
$KHC_4H_4O_6$	188.18	Na_2CO_3	105.99	$PbCl_2$	278.10
$KHC_2O_4 \cdot H_2C_2O_4 \cdot 2H_2O$	254.19	$Na_2C_2O_4$	134.00	$PbCO_3$	267.20
		$Na_2CO_3 \cdot 10H_2O$	286.14	PbC_2O_4	295.22
$KHC_2O_4 \cdot H_2O$	146.14	$NaHCO_3$	84.007	$PbCrO_4$	323.20
$KHSO_4$	136.16	$Na_2HPO_4 \cdot 12H_2O$	358.14	PbI_2	461.00
KI	166.00	$Na_2H_2Y \cdot 2H_2O$	372.24	$Pb(NO_3)_2$	331.20
KIO_3	214.00	$NaNO_2$	68.995	PbO	223.20
$KIO_3 \cdot HIO_3$	389.91	$NaNO_3$	84.995	PbO_2	239.20
$KMnO_4$	158.03	Na_2O	61.979	$Pb_3(PO_4)_2$	811.54
$KNaC_4H_4O_6 \cdot 4H_2O$	282.22	Na_2O_2	77.978	PbS	239.30
KNO_3	101.10	$NaOH$	39.997	$PbSO_4$	303.30
KNO_2	85.104	Na_3PO_4	163.94	P_2O_5	141.94
K_2O	94.196	Na_2S	78.04	$SbCl_5$	299.02
KOH	56.106	$NaSCN$	81.07	$SbCl_3$	228.11
$KSCN$	97.18	$Na_2S \cdot 9H_2O$	240.18	Sb_2O_3	291.50
K_2SO_4	172.25	Na_2SO_3	126.04	Sb_2S_3	339.68
$MgCl_2$	95.211	$Na_2S_2O_3$	158.10	SiF_4	104.08

化合物	相对分子质量	化合物	相对分子质量	化合物	相对分子质量
SiO_2	60.084	$SrCO_3$	147.63	$Zn(CH_3COO)_2 \cdot 2H_2O$	219.50
$SnCl_4$	260.50	SrC_2O_4	175.64	$ZnCl_2$	136.29
$SnCl_2$	189.60	$SrCrO_4$	203.61	$ZnCO_3$	125.39
$SnCl_2 \cdot 2H_2O$	225.63	$Sr(NO_3)_2$	211.63	ZnC_2O_4	153.40
$SnCl_4 \cdot 5H_2O$	350.58	$Sr(NO_3)_2 \cdot 4H_2O$	283.69	$Zn(NO_3)_2$	189.39
SnO_2	150.69	$SrSO_4$	183.69	$Zn(NO_3)_2 \cdot 6H_2O$	297.48
SnS_2	150.75	$UO_2(CH_3COO)_2 \cdot 2H_2O$		ZnO	81.38
SO_2	64.06		424.15	ZnS	97.44
SO_3	80.06	$Zn(CH_3COO)_2$	183.47	$ZnSO_4 \cdot 7H_2O$	287.54

附录3　常用酸碱溶液的配制

名　称	浓度 $c/$ (mol·L^{-1}) （近似）	相对密度 （20℃）	质量分数/ %	配制方法
浓 HCl	12	1.19	37.23	
稀 HCl	6	1.10	20.0	取浓盐酸与等体积水混合
			7.15	取浓盐酸 167 mL,稀释成 1 L
浓 HNO$_3$	16	1.42	69.80	
稀 HNO$_3$	6	1.20	32.36	取浓硝酸 381 mL,稀释成 1 L
	2			取浓硝酸 128 mL,稀释成 1 L
浓 H$_2$SO$_4$	18	1.84	95.6	
稀 H$_2$SO$_4$	3	1.18	24.8	取浓硫酸 167 mL,缓缓倾入 833 mL 水中
	1			取浓硫酸 56 mL,缓缓倾入 944 mL 水中
浓 HOAc	17	1.05	99.5	
稀 HOAc	6		35.0	取浓 HOAc 350 mL,稀释成 1 L
	2			取浓 HOAc 118 mL,稀释成 1 L
浓 NH$_3$·H$_2$O	15	0.90	25～27	
稀 NH$_3$·H$_2$O	6	10		取浓 NH$_3$·H$_2$O 400 mL,稀释成 1 L
	2			取浓 NH$_3$·H$_2$O 134 mL,稀释成 1 L
NaOH	6	1.22	19.7	将 NaOH 240 g 溶于水,稀释成 1 L
	2			将 NaOH 80 g 溶于水,稀释成 1 L

　　注:盛装各种试剂的试剂瓶,应贴上标签。标签上用炭黑墨汁(不能用钢笔或铅笔写)写明试剂名称、浓度及配制日期。标签上面涂一薄层石蜡保护。

附录 4　常用浓酸、浓碱的密度和浓度

试剂名称	密度/(g·mL^{-1})	质量分数 ω/%	物质的量浓度 c/(moL·L^{-1})
盐酸	1.18~1.19	36~38	11.6~12.4
硝酸	1.39~1.40	65.0~68.0	14.4~15.2
硫酸	1.83~1.84	95~98	17.8~18.4
磷酸	1.69	85	14.6
高氯酸	1.68	70.0~72.0	11.7~12.0
冰醋酸	1.05	99.8(优级纯)~99.0(分析纯、化学纯)	17.4
氢氟酸	1.13	40	22.5

附录5　常用指示剂

(一)酸碱指示剂(18~25 ℃)

指示剂名称	pH 变色范围	颜色变化	配制方法
酚酞	8.2~10.0	无色—淡红	$10 g \cdot L^{-1}$,将 1 g 酚酞溶于 90 mL 乙醇中,加水至 100 mL
百里酚蓝	1.2~2.8	红—黄	$1 g \cdot L^{-1}$,将 0.1 g 百里酚蓝与 4.3 mL 0.05 mol·L^{-1} NaOH 溶液一起研匀,加水稀释至 100 mL
甲基橙	3.1~4.4	红—黄	$1 g \cdot L^{-1}$,将 0.1 g 甲基橙溶于 100 mL 热水中
甲基红	4.8~6.0	红—黄	$1 g \cdot L^{-1}$,将 0.1 g 甲基红溶于 60 mL 乙醇中,加水至 100 mL
甲基紫(第一次变色)	0.13~0.5	黄—绿	$1 g \cdot L^{-1}$,将 0.1 g 甲基紫溶于 100 mL 热水中
溴甲酚绿	3.8~5.4	黄—蓝	$1 g \cdot L^{-1}$,将 0.1 g 溴甲酚绿与 21 mL 0.05 mol·L^{-1} NaOH 溶液一起研匀,加水稀释至 100 mL
百里酚酞	9.4~10.6	无色—蓝色	$1 g \cdot L^{-1}$,将 0.1 g 百里酚酞溶于 90 mL 乙醇中,加水至 100 mL
茜素黄 R	10.1~12.1	黄—紫	$1 g \cdot L^{-1}$,将 0.1 g 茜素黄溶于 100 mL 水中
溴酚蓝	3.0~4.6	黄—紫蓝	$1 g \cdot L^{-1}$,将 0.1 g 溴酚蓝与 3 mL 0.05 mol·L^{-1} NaOH 溶液一起研匀,加水稀释至 100 mL

(二)氧化还原指示剂

指示剂名称	E/V $[H^+]=$ 1 mol·L^{-1}	颜色		配制方法
		氧化态	还原态	
二苯胺	0.76	紫	无色	$10 g \cdot L^{-1}$ 的浓 H_2SO_4 溶液
二苯胺磺酸钠	0.85	紫红	无色	$5 g \cdot L^{-1}$ 的水溶液
邻二氮杂菲硫酸亚铁	1.06	浅蓝	红	0.5%,将 0.5 g $FeSO_4 \cdot 7H_2O$ 溶于 100 mL 水中,加 2 滴硫酸,加 0.5 g 邻二氮杂菲
亚甲基蓝	0.36	蓝	无色	$0.5 g \cdot L^{-1}$ 的水溶液

(三)金属离子指示剂

指示剂名称	颜色		配制方法
	游离态	化合态	
铬黑 T(EBT)	蓝	酒红	(1)将 0.2 g 铬黑 T 溶于 15 mL 三乙醇胺和 5 mL 甲醇中; (2)将 1 g 铬黑 T 与 100 g NaCl 研细、混匀(1∶100)
钙指示剂	蓝	红	将 0.5 g 钙指示剂与 100 g NaCl 研细、混匀
磺基水杨酸	无	红	10%,将 10 g 磺基水杨酸溶解于 100 mL 水中
PAN 指示剂	黄	红	2 g·L^{-1},将 0.2 g PAN 溶于 100 mL 乙醇中
二甲酚橙(VO)	黄	红	1 g·L^{-1},将 0.1 g 二甲酚橙溶于 100 mL 水中
荧光黄	绿色荧光	玫瑰红	0.5%,将 0.5 g 荧光黄溶于 100 mL 乙醇中
钙镁试剂	红	蓝	0.5%,将 0.5 g 钙镁试剂溶于 100 mL 水中

附录6　常用缓冲溶液的配制

缓冲溶液组成	pKa	缓冲溶液pH	配制方法
$NH_4Cl - NH_3$	9.26	8.0	将 100 g NH_4Cl 溶于水中,加浓氨水 7.0 mL,稀释至 1 L
$NH_4Cl - NH_3$	9.26	9.0	将 70 g NH_4Cl 溶于水中,加浓氨水 48 mL,稀释至 1 L
$NH_4Cl - NH_3$	9.26	10	将 54 g NH_4Cl 溶于水中,加浓氨水 350 mL,稀释至 1 L
$NaOAc - HOAc$	4.74	5.0	将 120 g 无水 $NaOAc$ 溶于水,加冰 $HOAc$ 60 mL,稀释至 1 L
$NH_4OAc - HOAc$	4.74	4.5	将 77 g NH_4OAc 溶于 200 mL 水中,加冰 $HOAc$ 59 mL,稀释至 1 L
$NH_4OAc - HOAc$	—	6.0	将 600 g NH_4OAc 溶于水中,加冰 $HOAc$ 20 mL,稀释至 1 L
甲酸- NaOH	3.76	3.7	将 95 g 甲酸和 40 g $NaOH$ 溶于 500 mL 水中,稀释至 1 L
一氯乙酸- NaOH	2.86	2.8	将 200 g 一氯乙酸溶于 200 mL 水中,加 40 g $NaOH$,溶解后稀释至 1 L
H_3PO_4-柠檬酸盐	—	2.5	取 113 g $Na_2HPO_4 \cdot 12H_2O$ 溶于 200 mL 水中,加 387 g 柠檬酸,溶解,过滤后,稀释至 1 L
邻苯二甲酸氢钾- HCl	2.95 (pKa_1)	2.9	取 50 g 邻苯二甲酸氢钾溶于 500 mL 水中,加 80 mL 浓 HCl 溶液稀释至 1 L

附录7　常用基准物及干燥条件

基准物		干燥后的组成	干燥温度及时间	标定对象
名称	分子式			
碳酸氢钠	$NaHCO_3$	Na_2CO_3	260~270 ℃干燥至恒重	酸
碳酸钠	$Na_2CO_3 \cdot 10H_2O$	Na_2CO_3	260~270 ℃干燥半小时	酸
硼砂	$Na_2B_4O_7 \cdot 10H_2O$	$Na_2B_4O_7 \cdot 10H_2O$	放在装有氯化钠-蔗糖饱和溶液的干燥皿中室温下保存	酸
碳酸氢钾	$KHCO_3$	K_2CO_3	270~300 ℃	酸
二水合草酸	$H_2C_2O_4 \cdot 2H_2O$	$H_2C_2O_4 \cdot 2H_2O$	室温空气干燥	碱或 $KMnO_4$
邻苯二甲酸氢钾	$KHC_8H_4O_4$	$KHC_8H_4O_4$	105~110 ℃干燥1 h	碱
重铬酸钾	$K_2Cr_2O_7$	$K_2Cr_2O_7$	130~140 ℃干燥0.5~1 h	还原剂
溴酸钾	$KBrO_3$	$KBrO_3$	120 ℃干燥1 h	还原剂
碘酸钾	KIO_3	KIO_3	105~120 ℃干燥	还原剂
铜	Cu	Cu	室温干燥器中保存	还原剂
三氧化二砷	As_2O_3	As_2O_3	硫酸干燥器中干燥至恒温	氧化剂
草酸钠	$Na_2C_2O_4$	$Na_2C_2O_4$	105~110 ℃干燥2 h	氧化剂
碳酸钙	$CaCO_3$	$CaCO_3$	105~110 ℃干燥	EDTA
锌	Zn	Zn	室温干燥器中保存	EDTA
氧化锌	ZnO	ZnO	约800 ℃灼烧至恒重	EDTA
氯化钠	$NaCl$	$NaCl$	250~350 ℃加热1~2 h	$AgNO_3$
氯化钾	KCl	KCl	250~350 ℃加热1~2 h	$AgNO_3$
硝酸银	$AgNO_3$	$AgNO_3$	120 ℃干燥2 h	氯化物
氨基磺酸	$HOSO_2NH_2$	$HOSO_2NH_2$	在真空 H_2SO_4 干燥中保存48 h	碱
氟化钠	NaF	NaF	铂坩埚中500~550 ℃下保存40~50 min后, H_2SO_4 干燥器中冷却	
硫酸亚铁铵	$(NH_4)_2Fe(SO_4)_2 \cdot 6H_2O$	$(NH_4)_2Fe(SO_4)_2 \cdot 6H_2O$	室温下空气干燥	$KMnO_4 / K_2Cr_2O_4$

附录8　常用洗涤剂

名称	配置方法	备注
铬酸洗液	取 $K_2Cr_2O_7$(LR)20 g 于 500 mL 烧杯中,加水 40 mL,加热溶解,冷却后,缓缓加入 320 mL 粗浓 H_2SO_4 即成(注意边加边搅),贮于磨口细口瓶中	用于洗涤油污及有机物,使用时防止被水稀释。用后倒回原瓶,可反复使用,直至溶液变为绿色*
$KMnO_4$ 碱性洗液	取 $KMnO_4$(LR)4 g,溶于少量水中,缓缓加入 100 mL 100 g·L^{-1} NaOH 溶液	用于洗涤油污及有机物,洗后玻璃壁上附着的 MnO_2 沉淀,可用粗亚铁盐或 Na_2SO_3 溶液洗去
皂角水	将皂角捣碎,用水熬成溶液	用于一般的洗涤
合成洗涤剂**	将合成洗涤剂粉用热水搅拌配成浓溶液	用于一般的洗涤
碱性酒精溶液	300～400 g·L^{-1} NaOH 酒精溶液	用于洗涤油污
酒精-浓硝酸洗液(4%)	将 4 mL 浓硝酸加入 96 mL 无水乙醇中	用于洗涤沾有有机物或油污的结构较复杂的仪器。洗涤时先加少量酒精于待洗仪器中,再加入少量浓硝酸,即产生大量棕色 NO_2,将有机物氧化而破坏

注:* 已还原为绿色的铬酸洗液,可加入固体 $KMnO_4$ 使其再生,这样,实际消耗的是 $KMnO_4$,可减少铬对环境的污染。

** 也可用肥皂水。

附录9　常用熔剂和坩埚 *

熔剂名称	所用熔剂量（对式样量而言）	熔融用坩埚材料							熔剂的性质和用途
		铂	铁	镍	银	瓷	刚玉	石英	
碳酸钠（无水）	6～8倍	+	+	+	−	−	+	−	碱性熔剂,用于分析酸性矿渣黏土、耐火材料、不溶于酸的残渣、难溶硫酸盐等
碳酸氢钠	12～14倍	+	+	+	−	−	+	−	碱性熔剂,用于分析酸性矿渣黏土、耐火材料、不溶于酸的残渣、难溶硫酸盐等
碳酸钠-碳酸钾（1∶1）	6～8倍	+	+	+	−	−	+	−	碱性熔剂,用于分析酸性矿渣黏土、耐火材料、不溶于酸的残渣、难溶硫酸盐等
碳酸钠-硝酸钾（12∶1）	8～10倍	+	+	+	−	−	+	−	碱性氧化熔剂,用于测定矿石中的总 S、As、Cr、V,分离 V、Cr 等物中的 Ti
碳酸钠钾-硼酸钠（3∶2）	10～12倍	+	−	−	+	+	+	+	碱性氧化熔剂,用于分析铬铁矿、钛金矿等
碳酸钠-氧化镁（2∶1）	10～14倍	+	+	+	−	+	+	+	碱性氧化熔剂,用于分解铁合金、铬铁矿等
碳酸钠-氧化锌（2∶1）	8～10倍	−	−	−	+	+	+	+	碱性氧化熔剂,用于测定矿石中的硫
碳酸钾钠-酒石酸钾（4∶1）	6～8倍	+	−	−	−	+	+	−	
过氧化钠	6～8倍	−	+	+	−	−	+	−	碱性氧化熔剂,用于测定矿石和铁合金中的 S、Cr、V、Mn、Si、P,辉钼矿中的 Mo 等
过氧化钠-碳酸钠（5∶1）	6～8倍	−	+	+	+	−	+	−	

（续表）

熔剂名称	所用熔剂量（对式样量而言）	熔融用坩埚材料							熔剂的性质和用途
		铂	铁	镍	银	瓷	刚玉	石英	
过氧化钠-碳酸钠（2：1）	6～8倍	－	＋	＋	＋	－	＋	－	
氢氧化钠（钾）	8～10倍	－	＋	＋	＋	－	－	－	碱性氧化熔剂,用于测定锡石中的Sn,分解硅酸盐等
氢氧化钠（钾）-硝酸钠（钾）（12：1）	6～8倍	－	＋	＋	＋	－	－	－	
碳酸钠-硫黄（1：1）	8～12倍	－	－	－	－	＋	＋	＋	碱性硫化熔剂,用于从铅、铜、银等中分离钼、锑、砷、锡,分解有色矿石焙烧后的产品,分离钛和钒等
碳酸钠-硫黄（1.5：1）	6～8倍	－	－	－	－	＋	＋	＋	
硫酸氢钾	12～14（8～12）倍	＋	－	－	－	＋	－	＋	酸性熔剂,用以分解硅酸盐、钨矿石,熔融 Ti、Al、Fe、Cu 等的氧化物
焦硫酸钾	6～8倍	＋	－	－	－	＋	－	＋	
焦硫酸钾-氟化氢钾（10：1）	6～8倍	＋	－	－	－	－	－	－	
氧化硼	5～8倍	＋	－	－	－	－	－	－	主要用于分解硅酸盐（当测定其中的碱金属时）
硫代硫酸钠（212 ℃焙干）	6～8倍	－	－	－	－	＋		＋	

注:"＋"可以进行熔融,"－"不能用以熔融,以免损坏坩埚。近年来采用聚四氟乙烯坩埚代替铂器皿用于氢氟酸溶样。碳酸钠和碳酸钾均为无水。

* 各坩埚的维护,参阅杭州大学化学系分析化学教研室编《分析化学手册》第一分册,化学工业出版社,1979 年,第 114～116 页。

附录 10   常用国产滤纸的型号和性质

分类与标志		型号	灰分/(mg/张)	孔径/μm	过滤物晶形	适应过滤的沉淀	相对应的砂芯坩埚号
定量	快速黑色或白色纸带	201	< 0.10	80～120	胶状沉淀物	$Fe(OH)_3$ $Al(OH)_3$ H_2SiO_3	G1 G2 可抽滤稀胶体
	中速蓝色纸带	202	< 0.10	30～50	一般结晶形沉淀	SiO_2 $Mg\,NH_4PO_4$ $ZnCO_3$	G3 可抽滤粗晶形沉淀
	慢速红色或橙色纸带	203	0.10	1～3	较细结晶形沉淀	$BaSO_4$ CaC_2O_4 $PbSO_4$	G4 G5 可抽滤细晶形沉淀
定性	快速黑色或白色纸带	101		>80	无机物沉淀的过滤分离及有机物重结晶的过滤		
	中速蓝色纸带	102		>50			
	慢速红色或橙色纸带	103		>3			

附录 11　常用分析化学实验溶液的配制

名称	浓度 (c/mol·L^{-1})	相对密度 (20 ℃)	质量百分数	配制方法
浓 HCl	12	1.19	37.23	
稀 HCl	6	1.10	20.0	取浓盐酸与等体积水混合
			7.15	取浓盐酸 167 mL,稀释成 1 L
浓 HNO$_3$	16	1.42	69.80	
稀 HNO$_3$	6	1.20	32.36	取浓硝酸 381 mL,稀释成 1 L
	2			取浓硝酸 128 mL,稀释成 1 L
浓 H$_2$SO$_4$	18	1.84	95.6	
稀 H$_2$SO$_4$	3	1.18	14.8	取浓硫酸 167 mL,缓缓倾入 833 mL 水中
	1			取浓硫酸 56 mL,缓缓倾入 944 mL 水中
浓 HAc	17	1.05	99.5	
稀 HAc	6		35.0	取浓 HAc 350 mL,稀释成 1 L
	2			取浓 HAc 118 mL,稀释成 1 L
浓 NH$_3$·H$_2$O	15	0.90	25—27	
稀 NH$_3$·H$_2$O	6	10		取浓 NH$_3$.H$_2$O 400 mL,稀释成 1 L
	2			取浓 NH$_3$.H$_2$O 134 mL,稀释成 1 L
NaOH	6	1.22	19.7	NaOH 240 g,稀释至 1 L
	2			NaOH 80 g,稀释至 1 L

注:盛装各种试剂的试剂瓶,应贴上标签。标签上用炭黑墨汁(不能用钢笔或铅笔写)写明试剂名称、浓度及配制日期。标签上面涂一薄层石蜡保护。

附录 12 常用弱酸弱碱在水中的解离常数(25℃、$I=0$)

弱酸弱碱	分子式	K_a	pK_a
砷酸	H_3AsO_4	$6.3 \times 10^{-3}(K_{a1})$	2.20
		$1.0 \times 10^{-7}(K_{a2})$	7.00
		$3.2 \times 10^{-12}(K_{a3})$	11.50
亚砷酸	$HAsO_2$	6.0×10^{-10}	9.22
硼酸	H_3BO_3	5.8×10^{-10}	9.24
焦硼酸	$H_2B_4O_7$	$1.0 \times 10^{-4}(K_{a1})$	4
		$1.0 \times 10^{-9}(K_{a2})$	9
碳酸	$H_2CO_3(CO_2+H_2O)$	$4.2 \times 10^{-7}(K_{a1})$	6.38
		$5.6 \times 10^{-11}(K_{a2})$	10.25
氢氰酸	HCN	6.2×10^{-10}	9.21
铬酸	H_2CrO_4	$1.8 \times 10^{-1}(K_{a1})$	0.74
		$3.2 \times 10^{-7}(K_{a2})$	6.50
氢氟酸	HF	6.6×10^{-4}	3.18
亚硝酸	HNO_2	5.1×10^{-4}	3.29
过氧化氢	H_2O_2	1.8×10^{-12}	11.75
磷酸	H_3PO_4	$7.6 \times 10^{-3}(>K_{a1})$	2.12
		$6.3 \times 10^{-3}(K_{a2})$	7.2
		$4.4 \times 10^{-13}(K_{a3})$	12.36
焦磷酸	$H_4P_2O_7$	$3.0 \times 10^{-2}(K_{a1})$	1.52
		$4.4 \times 10^{-3}(K_{a2})$	2.36
		$2.5 \times 10^{-7}(K_{a3})$	6.60
		$5.6 \times 10^{-10}(K_{a4})$	9.25
亚磷酸	H_3PO_3	$5.0 \times 10^{-2}(K_{a1})$	1.30
		$2.5 \times 10^{-7}(K_{a2})$	6.60
氢硫酸	H_2S	$1.3 \times 10^{-7}(K_{a1})$	6.88
		$7.1 \times 10^{-15}(K_{a2})$	14.15
硫酸	HSO_4^-	$1.0 \times 10^{-2}(K_{a1})$	1.99
亚硫酸	$H_3SO_3(SO_2+H_2O)$	$1.3 \times 10^{-2}(K_{a1})$	1.90
		$6.3 \times 10^{-8}(K_{a2})$	7.20
偏硅酸	H_2SiO_3	$1.7 \times 10^{-10}(K_{a1})$	9.77
		$1.6 \times 10^{-12}(K_{a2})$	11.8

（续表）

弱酸弱碱	分子式	K_a	pK_a
甲酸	HCOOH	1.8×10^{-4}	3.74
乙酸	CH_3COOH	1.8×10^{-5}	4.74
一氯乙酸	$CH_2ClCOOH$	1.4×10^{-3}	2.86
二氯乙酸	$CHCl_2COOH$	5.0×10^{-2}	1.30
三氯乙酸	CCl_3COOH	0.23	0.64
氨基乙酸盐	$^+NH_3CH_2COOH^-$ $^+NH_3CH_2COO^-$	$4.5 \times 10^{-3}(K_{a1})$ $2.5 \times 10^{-10}(K_{a2})$	2.35 9.60
抗坏血酸	$C_6H_8O_6$	$5.0 \times 10^{-5}(K_{a1})$ $1.5 \times 10^{-10}(K_{a2})$	4.30 9.82
乳酸	$CH_3CHOHCOOH$	1.4×10^{-4}	3.86
苯甲酸	C_6H_5COOH	6.2×10^{-5}	4.21
草酸	$H_2C_2O_4$	$5.9 \times 10^{-2}(K_{a1})$ $6.4 \times 10^{-5}(K_{a2})$	1.22 4.19
d-酒石酸	CH(OH)COOH CH(OH)COOH	$9.1 \times 10^{-4}(K_{a1})$ $4.3 \times 10^{-5}(K_{a2})$	3.04 4.37
邻-苯二甲酸	C—H—O—	$1.1 \times 10^{-3}(K_{a1}>)$ $3.9 \times 10^{-6}(K_{a2})$	2.95 5.41
柠檬酸	CH_2COOH CH(OH)COOH CH_2COOH	$7.4 \times 10^{-4}(K_{a1})$ $1.7 \times 10^{-5}(K_{a2})$ $4.0 \times 10^{-7}(K_{a3})$	3.13 4.76 6.40
苯酚	C_6H_5OH	1.1×10^{-10}	9.95
乙二胺四乙酸	H_6-EDTA^{2+} H_5-EDTA^+ H_4-EDTA H_3-EDTA^- H_2-EDTA^{2-} $H-EDTA^{3-}$	$0.1(K_{a1})$ $3 \times 10^{-2}(K_{a2})$ $1 \times 10^{-2}(K_{a3})$ $2.1 \times 10^{-3}(K_{a4})$ $6.9 \times 10^{-7}(K_{a5})$ $5.5 \times 10^{-11}(K_{a6})$	0.9 1.6 2.0 2.67 6.17 10.26
氨水	NH_3	1.8×10^{-5}	4.74
联氨	H_2NNH_2	$3.0 \times 10^{-6}(K_{b1})$ $1.7 \times 10^{-5}(K_{b2})$	5.52 14.12
羟胺	NH_2OH	9.1×10^{-6}	8.04
甲胺	CH_3NH_2	4.2×10^{-4}	3.38
乙胺	$C_2H_5NH_2$	5.6×10^{-4}	3.25

（续表）

弱酸弱碱	分子式	K_a	pK_a
二甲胺	$(CH_3)_2NH$	1.2×10^{-4}	3.93
二乙胺	$(C_2H_5)_2NH$	1.3×10^{-3}	2.89
乙醇胺	$HOCH_2CH_2NH_2$	3.2×10^{-5}	4.50
三乙醇胺	$(HOCH_2CH_2)_3N$	5.8×10^{-7}	6.24
六次甲基四胺	$(CH_2)_6N_4$	1.4×10^{-9}	8.85
乙二胺	$H_2NHC_2CH_2NH_2$	$8.5 \times 10^{-5}(K_{b1})$ $7.1 \times 10^{-8}(K_{b2})$	4.07 7.15
吡啶	C_5H_5N	1.7×10^{-5}	8.77

附录 13　难溶化合物的溶度积常数

分子式	K_{sp}	pK_{sp} $(-\lg K_{sp})$	分子式	K_{sp}	pK_{sp} $(-\lg K_{sp})$
Ag_3AsO_4	1.0×10^{-22}	22	$BaSeO_3$	2.7×10^{-7}	6.57
$AgBr$	5.0×10^{-13}	12.3	BaS_2O_3	1.6×10^{-5}	4.79
$AgBrO_3$	5.50×10^{-5}	4.26	$BaSO_4$	1.1×10^{-10}	9.96
$AgCl$	1.8×10^{-10}	9.75	$Be(OH)_2$②	1.6×10^{-22}	21.8
$AgCN$	1.2×10^{-16}	15.92	$BiAsO_4$	4.4×10^{-10}	9.36
$Ag_2C_2O_4$	3.5×10^{-11}	10.46	$Bi_2(C_2O_4)_3$	3.98×10^{-36}	35.4
Ag_2CO_3	8.1×10^{-12}	11.09	$Bi(OH)_3$	4.0×10^{-31}	30.4
$Ag_2Cr_2O_7$	2.0×10^{-7}	6.7	$BiPO_4$	1.26×10^{-23}	22.9
$Ag_2Cr_2O_4$	1.2×10^{-12}	11.92	$CaCO_3$	2.8×10^{-9}	8.54
AgI	8.3×10^{-17}	16.08	$CaC_2O_4 \cdot H_2O$	4.0×10^{-9}	8.4
$AgIO_3$	3.1×10^{-8}	7.51	CaF_2	2.7×10^{-11}	10.57
Ag_2MoO_4	2.8×10^{-12}	11.55	$CaMoO_4$	4.17×10^{-8}	7.38
$AgOH$	2.0×10^{-8}	7.71	$Ca(OH)_2$	5.5×10^{-6}	5.26
Ag_3PO_4	1.4×10^{-16}	15.84	$Ca_3(PO_4)_2$	2.0×10^{-29}	28.7
Ag_2S	6.3×10^{-50}	49.2	$CaSiO_3$	2.5×10^{-8}	7.6
$AgSCN$	1.0×10^{-12}	12	$CaSO_4$	3.16×10^{-7}	5.04
Ag_2Se	2.0×10^{-64}	63.7	$CaWO_4$	8.7×10^{-9}	8.06
Ag_2SeO_4	5.7×10^{-8}	7.25	$CdCO_3$	5.2×10^{-12}	11.28
Ag_2SeO_3	1.0×10^{-15}	15	$CdC_2O_4 \cdot 3H_2O$	9.1×10^{-8}	7.04
Ag_2SO_4	1.4×10^{-5}	4.84	$Cd_3(PO_4)_2$	2.5×10^{-33}	32.6
Ag_2SO_3	1.5×10^{-14}	13.82	CdS	8.0×10^{-27}	26.1
$AgVO_3$	5.0×10^{-7}	6.3	$CdSe$	6.31×10^{-36}	35.2
Ag_2WO_4	5.5×10^{-12}	11.26	$CdSeO_3$	1.3×10^{-9}	8.89
$Al(OH)_3$①	4.57×10^{-33}	32.34	CeF_3	8.0×10^{-16}	15.1
$AlPO_4$	6.3×10^{-19}	18.24	$CePO_4$	1.0×10^{-23}	23
Al_2S_3	2.0×10^{-7}	6.7	$Co_3(AsO_4)_2$	7.6×10^{-29}	28.12
$AuCl_3$	3.2×10^{-25}	24.5	CoC_2O_4	6.3×10^{-8}	7.2
AuI_3	1.0×10^{-46}	46	$CoCO_3$	1.4×10^{-13}	12.84
$Au(OH)_3$	5.5×10^{-46}	45.26	$CoHPO_4$	2.0×10^{-7}	6.7
$Ba_3(AsO_4)_2$	8.0×10^{-51}	50.1	$Co(OH)_2$（粉红，陈化）	2.00×10^{-16}	15.7
BaC_2O_4	1.6×10^{-7}	6.79	$Co(OH)_2$（粉红，新沉淀）	1.58×10^{-15}	14.8
$BaCO_3$	5.1×10^{-9}	8.29	$Co(OH)_2$（蓝）	6.31×10^{-15}	14.2
$BaCrO_4$	1.2×10^{-10}	9.93	$Co_3(PO_4)_3$	2.0×10^{-35}	34.7
$Ba_3(PO_4)_2$	3.4×10^{-23}	22.44	$CrAsO_4$	7.7×10^{-21}	20.11
$BaSeO_4$	3.5×10^{-8}	7.46	$Cr(OH)_3$	6.3×10^{-31}	30.2

分子式	K_{sp}	pK_{sp} ($-\lg K_{sp}$)	分子式	K_{sp}	pK_{sp} ($-\lg K_{sp}$)
$CrPO_4 \cdot 4H_2O$(绿)	2.4×10^{-23}	22.62	Hg_2WO_4	1.1×10^{-17}	16.96
$CrPO_4 \cdot 4H_2O$(紫)	1.0×10^{-17}	17	$Ho(OH)_3$	5.0×10^{-23}	22.3
$CuBr$	5.3×10^{-9}	8.28	$In(OH)_3$	1.3×10^{-37}	36.9
$CuCl$	1.2×10^{-6}	5.92	$InPO_4$	2.3×10^{-22}	21.63
$CuCN$	3.2×10^{-20}	19.49	In_2S_3	5.7×10^{-74}	73.24
$CuCO_3$	2.34×10^{-10}	9.63	$La_2(CO_3)_3$	3.98×10^{-34}	33.4
CuI	1.1×10^{-12}	11.96	$LaPO_4$	3.98×10^{-23}	22.43
$Cu(OH)_2$	4.8×10^{-20}	19.32	$Lu(OH)_3$	1.9×10^{-24}	23.72
$Cu_3(PO_4)_2$	1.3×10^{-37}	36.9	$Mg_3(AsO_4)_2$	2.1×10^{-20}	19.68
CuS	6.3×10^{-36}	35.2	$MgCO_3$	3.5×10^{-8}	7.46
Cu_2S	2.5×10^{-48}	47.6	$MgCO_3 \cdot 3H_2O$	2.14×10^{-5}	4.67
$CuSe$	7.94×10^{-49}	48.1	$Mg(OH)_2$	1.8×10^{-11}	10.74
Cu_2Se	1.58×10^{-61}	60.8	$Mg_3(PO_4)_2 \cdot 8H_2O$	6.31×10^{-26}	25.2
$Dy(OH)_3$	1.4×10^{-22}	21.85	$Mn_3(AsO_4)_2$	1.9×10^{-29}	28.72
$Er(OH)_3$	4.1×10^{-24}	23.39	$MnCO_3$	1.8×10^{-11}	10.74
$Eu(OH)_3$	8.9×10^{-24}	23.05	$Mn(IO_3)_2$	4.37×10^{-7}	6.36
$FeAsO_4$	5.7×10^{-21}	20.24	$Mn(OH)_4$	1.9×10^{-13}	12.72
$FeCO_3$	3.2×10^{-11}	10.5	MnS(粉红)	2.5×10^{-10}	9.6
$Fe(OH)_3$	4.0×10^{-38}	37.4	MnS(绿)	2.5×10^{-13}	12.6
$Fe(OH)_2$	8.0×10^{-16}	15.1	$Ni_3(AsO_4)_2$	3.1×10^{-26}	25.51
$FePO_4$	1.3×10^{-22}	21.89	NiC_2O_4	4.0×10^{-10}	9.4
FeS	6.3×10^{-18}	17.2	$NiCO_3$	6.6×10^{-9}	8.18
$Ga(OH)_3$	7.0×10^{-36}	35.15	$Ni(OH)_2$(新)	2.0×10^{-15}	14.7
$GaPO_4$	1.0×10^{-21}	21	$Ni_3(PO_4)_2$	5.0×10^{-31}	30.3
$Gd(OH)_3$	1.8×10^{-23}	22.74	$\gamma - NiS$	2.0×10^{-26}	25.7
$Hf(OH)_4$	4.0×10^{-26}	25.4	$\beta - NiS$	1.0×10^{-24}	24
Hg_2Br_2	5.6×10^{-23}	22.24	$\alpha - NiS$	3.2×10^{-19}	18.5
Hg_2Cl_2	1.3×10^{-18}	17.88	$Pb_3(AsO_4)_2$	4.0×10^{-36}	35.39
$Hg_2(CN)_2$	5.0×10^{-40}	39.3	$PbBr_2$	4.0×10^{-5}	4.41
Hg_2CO_3	8.9×10^{-17}	16.05	$PbCl_2$	1.6×10^{-5}	4.79
HgC_2O_4	1.0×10^{-7}	7	$PbCO_3$	7.4×10^{-14}	13.13
Hg_2CrO_4	2.0×10^{-9}	8.7	$PbCrO_4$	2.8×10^{-13}	12.55
HgI_2	2.82×10^{-29}	28.55	PbF_2	2.7×10^{-8}	7.57
Hg_2I_2	4.5×10^{-29}	28.35	$PbMoO_4$	1.0×10^{-13}	13
$Hg_2(IO_3)_2$	2.0×10^{-14}	13.71	$Pb(OH)_4$	3.2×10^{-66}	65.49
$Hg_2(OH)_2$	2.0×10^{-24}	23.7	$Pb(OH)_2$	1.2×10^{-15}	14.93
$HgSe$	1.0×10^{-59}	59	$Pb_3(PO_4)_3$	8.0×10^{-43}	42.1
HgS(黑)	1.6×10^{-52}	51.8	PbS	1.0×10^{-28}	28
HgS(红)	4.0×10^{-53}	52.4	$PbSe$	7.94×10^{-43}	42.1

分子式	K_{sp}	pK_{sp} $(-\lg K_{sp})$	分子式	K_{sp}	pK_{sp} $(-\lg K_{sp})$
$PbSeO_4$	1.4×10^{-7}	6.84	$SrSO_4$	3.2×10^{-7}	6.49
$PbSO_4$	1.6×10^{-8}	7.79	$SrWO_4$	1.7×10^{-10}	9.77
$Pd(OH)_4$	6.3×10^{-71}	70.2	$Tb(OH)_3$	2.0×10^{-22}	21.7
$Pd(OH)_2$	1.0×10^{-31}	31	$Te(OH)_4$	3.0×10^{-54}	53.52
PdS	2.03×10^{-58}	57.69	$Th(C_2O_4)_2$	1.0×10^{-22}	22
$Pm(OH)_3$	1.0×10^{-21}	21	$Th(IO_3)_4$	2.5×10^{-15}	14.6
$Pr(OH)_3$	6.8×10^{-22}	21.17	$Th(OH)_4$	4.0×10^{-45}	44.4
$Pt(OH)_2$	1.0×10^{-35}	35	$Ti(OH)_3$	1.0×10^{-40}	40
$Pu(OH)_4$	1.0×10^{-55}	55	$TlBr$	3.4×10^{-6}	5.47
$Pu(OH)_3$	2.0×10^{-20}	19.7	$TlCl$	1.7×10^{-4}	3.76
$RaSO_4$	4.2×10^{-11}	10.37	Tl_2CrO_4	9.77×10^{-13}	12.01
$Rh(OH)_3$	1.0×10^{-23}	23	TlI	6.5×10^{-8}	7.19
$Ru(OH)_3$	1.0×10^{-36}	36	TlN_3	2.2×10^{-4}	3.66
Sb_2S_3	1.5×10^{-93}	92.8	Tl_2S	5.0×10^{-21}	20.3
ScF_3	4.2×10^{-18}	17.37	$TlSeO_3$	2.0×10^{-39}	38.7
$Sc(OH)_3$	8.0×10^{-31}	30.1	$UO_2(OH)_2$	1.1×10^{-22}	21.95
$Sm(OH)_3$	8.2×10^{-23}	22.08	$VO(OH)_2$	5.9×10^{-23}	22.13
SnO_2	3.98×10^{-65}	64.4	$Yb(OH)_3$	3.0×10^{-24}	23.52
$Sn(OH)_4$	1.0×10^{-56}	56	$Y(OH)_3$	8.0×10^{-23}	22.1
$Sn(OH)_2$	1.4×10^{-28}	27.85	$Zn_3(AsO_4)_2$	1.3×10^{-28}	27.89
SnS	1.0×10^{-25}	25	$ZnCO_3$	1.4×10^{-11}	10.84
$SnSe$	3.98×10^{-39}	38.4	$Zn(OH)_2$③	2.09×10^{-16}	15.68
$Sr_3(AsO_4)_2$	8.1×10^{-19}	18.09	$Zn_3(PO_4)_2$	9.0×10^{-33}	32.04
$SrCO_3$	1.1×10^{-10}	9.96	$\beta-ZnS$	2.5×10^{-22}	21.6
$SrC_2O_4 \cdot H_2O$	1.6×10^{-7}	6.8	$\alpha-ZnS$	1.6×10^{-24}	23.8
SrF_2	2.5×10^{-9}	8.61	$ZrO(OH)_2$	6.3×10^{-49}	48.2
$Sr_3(PO_4)_2$	4.0×10^{-28}	27.39			

①～③:形态均为无定形

附录 14　常见物质溶解性

	Ag^+	Hg_2^{2+}	Pb^{2+}	Hg^{2+}	Bi^{3+}	Cu^{2+}	Cd^{2+}	As^{3+}	Sb^{3+}	Sn^{2+}	Sn^{4+}	Al^{3+}	Cr^{3+}
碳酸盐，CO_3^{2-}	HNO_3	HNO_3	HNO_3	HCl	HCl	HCl	HCl	—	—	—	—	—	—
草酸盐，$C_2O_4^{2-}$	HNO_3	HNO_3	HNO_3	HCl	HCl	HCl	HCl	—	HCl	HCl	水	HCl	HCl
氟化物，F^-	水	水	略溶，HNO_3	水	HCl	略溶，HCl	略溶，HCl	—	略溶，HCl	水	水	水	水
亚硫酸盐，SO_3^{2-}	HNO_3	HNO_3	HNO_3	HCl	—	HCl	HCl	—	HCl	—	HCl	—	—
AsO_3^{3-}	HNO_3	HNO_3	HNO_3	HCl	HCl	HCl	HCl	—	HCl	—	—	—	—
AsO_4^{3-}	HNO_3	HNO_3	HNO_3	HCl	HCl	HCl	HCl	—	—	HCl	HCl	HCl	HCl
磷酸盐，PO_4^{3-}	HNO_3	HNO_3	HNO_3	HCl	HCl	HCl	HCl	—	HCl	HCl	HCl	HCl	HCl
BO_2^-	HNO_3	—	HNO_3	—	HCl	—	HCl	—	HCl	—	—	HCl	HCl
硅酸盐，SiO_3^{2-}	HNO_3	—	HNO_3	—	HCl	HCl	HCl	—	—	—	—	HCl	HCl
酒石酸，$C_4H_4O_6^{2-}$	HNO_3	略溶，HNO_3	HNO_3	HCl	HCl	水	HCl	—	HCl	HCl	水	水	水
硫酸盐，SO_4^{2-}	略溶	略溶	不溶	略溶	略溶	水	水	—	HCl	水	—	水	水
CrO_4^-	HNO_3	HNO_3	HNO_3	HCl	HCl	水	HCl	—	—	HCl	—	—	HCl
硫化物 S^{2-}	HNO_3	王水	HNO_3	王水	HNO_3	HNO_3	HNO_3	HNO_3	浓 HCl	浓 HCl	浓 HCl	水解，HCl	水解，HCl
氰化物，CN^-	不溶	—	HNO_3	水	—	HCl	HCl	—	—	—	—	—	HCl
$Fe(CN)_6^{4-}$	不溶	—	不溶	—	—	不溶	不溶	—	—	—	不溶	—	—
$Fe(CN)_6^{3-}$	不溶	—	不溶	不溶	—	不溶	不溶	—	—	不溶	—	—	—
$S_2O_3^{2-}$	HNO_3	—	HNO_3	—	—	—	水	—	—	—	水	水	水
CNS^-	不溶	HNO_3	HNO_3	水	—	HNO_3	HCl	—	—	—	水	水	水
碘化物，I^-	不溶	HNO_3	略溶，HNO_3	HCl	HCl	略溶	水	水	水解，HCl	水	水解，HCl	水	水

（续表）

	Ag^+	Hg_2^{2+}	Pb^{2+}	Hg^{2+}	Bi^{3+}	Cu^{2+}	Cd^{2+}	As^{3+}	Sb^{3+}	Sn^{2+}	Sn^{4+}	Al^{3+}	Cr^{3+}
溴化物，Br^-	不溶	HNO_3	不溶	水	水解，HCl	水	水	水解，HCl	水解，HCl	水解，HCl	水解，HCl	水	水
氯化物，Cl^-	不溶	HNO_3	沸水	水	水解，HCl	水	水	水解，HCl	水解，HCl	水解，HCl	水解，HCl	水	水
CH_3COO^-	略溶	水	水	水	水	水	水	—	—	水	水	水	水
NO_2^-	热水	水	水	水	—	水	水	—	—	—	—	—	—
硝酸盐，NO_3^-	水	略溶，HNO_3	水	水	略溶，HNO_3	水	水	—	—	—	—	水	水
O^{2-}	HNO_3	HNO_3	HNO_3	HCl	HNO_3	HCl	HCl	HCl	HCl	HCl	HCl，略溶	HCl	HCl
OH^-	HNO_3	—	HNO_3	—	HCl	HCl	HCl	—	HCl	HCl	不溶	HCl	HCl

	Fe^{3+}	Fe^{2+}	Mn^{2+}	Ni^{2+}	Co^{2+}	Zn^{2+}	Ba^{2+}	Sr^{2+}	Ca^{2+}	Mg^{2+}	K^+	Na^+	NH_4^+
碳酸盐，CO_3^{2-}	—	HCl	HCl	HCl	HCl	HCl	HCl	HCl	HCl	略溶	水	水	水
草酸盐，$C_2O_4^{2-}$	HCl	HCl	HCl	HCl	HCl	HCl	HCl	HCl	HCl	水	水	水	水
氟化物，F^-	略溶，HCl	略溶，HCl	HCl	HCl	HCl	HCl	略溶	HCl	不溶	HCl	水	水	水
亚硫酸盐，SO_3^{2-}	—	HCl	HCl	HCl	HCl	HCl	HCl	HCl	HCl	水	水	水	水
AsO_3^{3-}	HCl	HCl	HCl	HCl	HCl	HCl	HCl	HCl	HCl	HCl	水	水	水
AsO_4^{3-}	HCl	HCl	HCl	HCl	HCl	HCl	HCl	HCl	HCl	HCl	水	水	水
磷酸盐，PO_4^{3-}	HCl	HCl	HCl	HCl	HCl	HCl	HCl	HCl	HCl	水	水	水	水
BO_2^-	HCl	HCl	HCl	HCl	HCl	HCl	HCl	略溶	略溶	HCl	水	水	水
硅酸盐，SiO_3^{2-}	HCl	HCl	HCl	HCl	HCl	HCl	HCl	HCl	HCl	HCl	水	水	水
酒石酸，$C_4H_4O_6^{2-}$	水	HCl	略溶，HCl	HCl	水	HCl	HCl	HCl	HCl	水	水	水	水
硫酸盐，SO_4^{2-}	水	水	水	水	水	水	不溶	不溶	微溶	水	水	水	水
CrO_4^-	水	—	略溶，HCl	HCl	HCl	水	HCl	略溶	水	水	水	水	水

（续表）

	Ag^+	Hg_2^{2+}	Pb^{2+}	Hg^{2+}	Bi^{3+}	Cu^{2+}	Cd^{2+}	As^{3+}	Sb^{3+}	Sn^{2+}	Sn^{4+}	Al^{3+}	Cr^{3+}
硫化物 S^{2-}	HCl	HCl	HCl	HNO_3	HNO_3	HCl	水	水	水	水	水	水	水
氰化物，CN^-	—	不溶	HCl	HNO_3	HNO_3	HCl	略溶，HCl	水	水	水	水	水	水
$Fe(CN)_6^{4-}$	不溶	不溶	HCl	不溶	不溶	不溶	水	水	水	水	水	水	水
$Fe(CN)_6^{3-}$	水	不溶	不溶	不溶	不溶	HCl	水	水	水	水	水	水	水
$S_2O_3^{2-}$	—	水	水	水	水	水	HCl	水	水	水	水	水	水
CNS^-	水	水	水	水	水	水	水	水	水	水	水	水	水
碘化物，I^-	水	水	水	水	水	水	水	水	水	水	水	水	水
溴化物，Br^-	水	水	水	水	水	水	水	水	水	水	水	水	水
氯化物，Cl^-	水	水	水	水	水	水	水	水	水	水	水	水	水
CH_3COO^-	水	水	水	水	水	水	水	水	水	水	水	水	水
NO_2^-	水	—	水	水	水	水	水	水	水	水	水	水	水
硝酸盐，NO_3^-	水	水	水	水	水	水	水	水	水	水	水	水	水
O^{2-}	HCl	HCl	HCl	HCl	HCl	HCl	HCl	HCl	略溶，HCl	HCl	水	水	—
OH^-	HCl	HCl	HCl	HCl	HCl	HCl	HCl	略溶，HCl	略溶，HCl	HCl	水	水	水

附录 15　常见离子和化合物的颜色

无色阳离子	Ag^+，K^+，Ca^{2+}，Pb^{2+}，Zn^{2+}，Na^+，NH_4^+，Ba^{2+}，Hg^{2+}，Mg^{2+}，Al^{3+}，Sn^{2+}，Sn^{4+}
有色阳离子	Mn^{2+} 浅玫瑰色，稀溶液无色，$[Fe(H_2O)_6]^{3+}$ 淡紫色，常见含 Fe^{3+} 溶液为黄色，Fe^{2+} 浅绿色，稀溶液无色，Cr^{3+} 绿色或紫色，Co^{2+} 玫瑰色或粉红色，Ni^{2+} 绿色，Cu^{2+}（实际上是 $[Cu(H_2O)_4]^{2+}$）蓝色，$[Cu(NH_3)_4]^{2+}$ 深蓝色
无色阴离子	SO_4^{2-}，PO_4^{3-}，F^-，SCN^-，$C_2O_4^{2-}$，SO_3^{2-}，Cl^-，NO_3^-，S^{2-}，Br^-，I^-，NO_2^-，ClO_3^-，CO_3^{2-}，SiO_3^{2-}，CH_3COO^-，BrO_3^-
有色阴离子	$Cr_2O_7^{2-}$ 橙色，CrO_4^{2-} 黄色，MnO_4^- 紫色，MnO_4^{2-} 墨绿色，$[Fe(CN)_6]^{4-}$ 黄绿色，$[Fe(CN)_6]^{3-}$ 黄棕色，$[CuCl_4]^{2-}$ 黄色
红色	甲基橙在 $pH \leqslant 3.1$ 的环境中，石蕊在 $pH \leqslant 5.0$ 的环境中，酚酞在 $pH \leqslant 10.0$ 的环境中，NO_2（红棕），$Br_2(g)$（红棕），$Br_2(l)$（深红棕），Fe_2O_3（红棕），Cu_2O（砖红），HgO，Pb_3O_4，硫氰合铁配合物系列，$Fe(OH)_3$（红褐），Cu（紫红），品红，红磷（暗红），$MnSO_4 \cdot 7H_2O$ 等锰盐（粉红），苯酚在空气中的氧化产物（粉红）
橙色	溴水，重铬酸盐，甲基橙在 $3.1 < pH < 4.4$ 的环境中，氯金酸
黄色	PbO，AgI，PbI_2，铬酸盐，Ag_3PO_4，FeS_2，铁盐溶液，Al_2S_3，甲基橙在 $pH \geqslant 4.4$ 的环境中，含苯环的蛋白质遇浓硝酸
淡黄色	单质硫，Na_2O_2，$AgBr$（浅黄），TNT（2,4,6-三硝基甲苯），PCl_5，混有 NO_2 的浓硝酸，混有 Fe^{3+} 的浓盐酸，混有 NO_2 的硝基苯，碘水
绿色	镍盐，亚铁盐（浅绿），铬盐，某些铜盐如 $CuCl_2 \cdot 2H_2O$，碱式碳酸铜，F_2（浅黄绿），Cl_2（黄绿），新制氯水（黄绿）
蓝色	$CuSO_4 \cdot 5H_2O$，$Cu(NO_3)_2 \cdot 3H_2O$，大多数铜盐溶液，$Cu(OH)_2$（天蓝），液氧（淡蓝），直链淀粉遇碘，石蕊在 $pH \geqslant 8.0$ 的环境中
紫色	高锰酸盐（紫黑），I_2（紫黑），I_2 的四氯化碳溶液，I_2 的苯溶液，苯酚合铁配合物
棕褐色	$FeCl_3 \cdot 6H_2O$（棕），$CuCl_2$（棕），I_2 的碘化钾溶液（KI_3）（棕），碘酒（褐），$Fe_2O_3 \cdot xH_2O$（铁锈）（褐）
黑色	CuO，FeO，Fe_3O_4，MnO_2，FeS，CuS，Cu_2S，Ag_2S，PbS，Ag_2O，木炭，绝大多数金属粉末（灰黑），晶体硅，石油

附录 16 常用配离子的稳定常数(25 ℃)

配位体	金属离子	配位体数目 n	$\lg\beta_n$
NH₃	Ag^+	1,2	3.24,7.05
	Cd^{2+}	1,2,3,4,5,6	2.65,4.75,6.19,7.12,6.80,5.14
	Co^{2+}	1,2,3,4,5,6	2.11,3.74,4.79,5.55,5.73,5.11
	Co^{3+}	1,2,3,4,5,6	6.7,14.0,20.1,25.7,30.8,35.2
	Cu^+	1,2	5.93,10.86
	Cu^{2+}	1,2,3,4,5	4.31,7.98,11.02,13.32,12.86
	Fe^{2+}	1,2	1.4,2.2
	Ni^{2+}	1,2,3,4,5,6	2.80,5.04,6.77,7.96,8.71,8.74
	Zn^{2+}	1,2,3,4	2.37,4.81,7.31,9.46
Cl⁻	Ag^+	1,2,4	3.04,5.04,5.30
	Cd^{2+}	1,2,3,4	1.95,2.50,2.60,2.80
	Hg^{2+}	1,2,3,4	6.74,13.22,14.07,15.07
CN⁻	Ag^+	2,3,4	21.1,21.7,20.6
	Au^+	2	38.3
	Co^{3+}	6	64.00
	Cu^+	2,3,4	24.0,28.59,30.30
	Cu^{2+}	4	27.30
	Cd^{2+}	1,2,3,4	5.48,10.60,15.23,18.78
	Fe^{2+}	6	35.0
	Fe^{3+}	6	42.0
	Hg^{2+}	4	41.4
	Ni^{2+}	4	31.3
	Zn^{2+}	1,2,3,4	5.3,11.70,16.70,21.60
F⁻	Al^{3+}	1,2,3,4,5,6	6.11,11.12,15.00,18.00,19.40,19.80
	Fe^{3+}	1,2,3,5	5.28,9.30,12.06,15.77
I⁻	Ag^+	1,2,3	6.58,11.74,13.68
	Cd^{2+}	1,2,3,4	2.10,3.43,4.49,5.41
	Hg^{2+}	1,2,3,4	12.87,23.82,27.60,29.83
OH⁻	Ag^+	1,2	2.0,3.99
	Al^{3+}	1,4	9.27,33.03
	Bi^{3+}	1,2,4	12.7,15.8,35.2

（续表）

配位体	金属离子	配位体数目 n	$\lg\beta_n$
OH⁻	Cd^{2+}	1,2,3,4	4.17,8.33,9.02,8.62
	Cu^{2+}	1,2,3,4	7.0,13.68,17.00,18.5
	Fe^{2+}	1,2,3,4	5.56,9.77,9.67,8.58
	Fe^{3+}	1,2,3	11.87,21.17,29.67
	Hg^{2+}	1,2,3	10.6,21.8,20.9
	Mg^{2+}	1	2.58
	Ni^{2+}	1,2,3	4.97,8.55,11.33
SCN⁻	Ag^+	1,2,3,4	4.6,7.57,9.08,10.08
	Cd^{2+}	1,2,3,4	1.39,1.98,2.58,3.6
	Co^{2+}	4	3.00
$S_2O_3^{2-}$	Ag^+	1,2	8.82,13.46
	Hg^{2+}	2,3,4	29.44,31.90,33.24
en	Ag^+	1,2	4.70,7.70
	Cu^{2+}	1,2,3	10.67,20.00,21.0
EDTA	Ag^+	1	7.32
	Al^{3+}	1	16.11
	Ba^{2+}	1	7.78
	Bi^{3+}	1	27.8
	Ca^{2+}	1	11.0
	Cd^{2+}	1	16.4
	Co^{2+}	1	16.31
	Co^{3+}	1	36.0
	Cr^{3+}	1	23.0
	Cu^{2+}	1	18.7
	Fe^{2+}	1	14.83
	Fe^{3+}	1	24.23
	Hg^{2+}	1	21.80
	Mg^{2+}	1	8.64
	Mn^{2+}	1	13.8
	Na^+	1	1.66
	Ni^{2+}	1	18.56
	Pb^{2+}	1	18.3
	Sn^{2+}	1	22.1
	Zn^{2+}	1	16.4

注:en 的含义。

参考文献

[1] 四川大学化工学院,浙江大学化学系.分析化学实验[M].3版.北京:高等教育出版社,2012.

[2] 南京大学大学化学实验教学组.大学化学实验[M].2版.北京:高等教育出版社,2010.

[3] 武汉大学.分析化学实验[M].5版.北京:高等教育出版社,2013.

[4] 刘约权,李贵深.实验化学:上册[M].3版.北京:高等教育出版社,2005.

[5] 张剑荣,余晓东,屠一锋,等.仪器分析实验[M].2版.北京:科学出版社,2009.

[6] 金谷,姚奇志,江万权.分析化学实验[M].2版.合肥:中国科学技术大学出版社,2020.

[7] 顾佳丽.分析化学实验技能[M].北京:化学工业出版社,2018.

[8] 赵新华,北京师范大学,华中师范大学,等.化学基础实验[M].2版.北京:高等教育出版社,2013.

[9] 赵怀清.分析化学实验指导[M].3版.北京:人民卫生出版社,2011.

[10] 刘毓琪,孙明礼,史书杰.分析化学实验[M].2版.哈尔滨:东北林业大学出版社,2011.

[11] 马忠革.分析化学实验[M].北京:清华大学出版社,2011.

[12] 顾佳丽.分析化学实验技能[M].北京:化学工艺出版社,2018.

[13] 李克安.分析化学教程[M].北京:北京大学出版社,2005.

[14] 北京大学化学与分子工程学院分析化学教学组.基础分析化学实验[M].3版.北京:北京大学出版社,2010.

[15] 郭明,吴荣晖,李铭慧,等.仪器分析实验[M].北京:化学工业出版社,2018.

[16] 赖宇明,柯红岩,王海成.德国高校化学实验室安全管理的启示[J].实验室科学,2018,21(6):192-195.

[17] 李艳,任顺麟,何东贤.高校化学类实验室安全管理机制探索[J].广州化工,2020,48(5):198-199+211.

[18] 郭建中,李坤,刘少恒,等.新时期高水平实验室安全管理探索与实践——陕西省高校实验室安全管理现状、分析及对策[J].实验技术与管理,2020,37(4):4-8.

[19] 李培艳,李建法,高玫香,等.高校化工类实验实训室安全防护对策研究[J].教学实践与新论,2019,40(6):171-175..

[20] 赵丽.爆炸带走三学生生命高校实验室安全风险如何消弭?[J].安全与健康,2019(1):24-26.

[21] 盛开,张倩,李岚涛,等.高校实验室安全与防护[J].教育教学论坛,2020

(11):389-390.

[22] 李恩敬,黄士堂. 高等学校实验室用电安全管理[J]. 实验室科学,2016,19(5):205-208.

[23] 姬志杰,周德红,金蹦森,等. 高校实验室火灾爆炸事故风险分析与控制[J]. 山东化工,2020,49(5):202-206.

[24] 罗文平,李小林. 高校实验室化学品安全管理[J]. 化工管理,2019(2):43-44.

[25] 汤文庭,李赫,唐奇. 高校传染病实验室生物安全管理现状与对策研究[J]. 中国动物传染病学报,2022,30(2):233-236.

[26] 孙凤梅,孙玮丽,张丹,等. 高校化学实验室安全防护的现状与对策——以淮阴师范学院为例[J]. 实验教学与仪器,2019,36(10):72-74.

[27] 沈良俊. 3M个体防护产品在中国的竞争战略分析[D]. 上海:复旦大学,2009.

[28] 郑春龙. 高校实验室个体防护装备配备与管理[J]. 实验技术与管理,2012,29(7):190-192+214.

[29] 欧泽兵,郑亚周. 职业性眼伤害及其防护措施[J]. 现代职业安全,2019(4):90-92.

[30] 袁晓华,,李颖. GB/T 23465—2009《呼吸防护用品实用性能评价》简要[J]. 中国个体防护装备,2010(4):35-36.

[31] 夏蝉. 个体防护用口罩的过滤材料净化PM2.5特性的试验研究[D]. 上海:东华大学,2014.

[32] 罗穆夏. 个体防护装备标准化管理体系研究[D]. 北京:中国地质大学(北京),2014.

[33] 邵志勇. 高校实验室安全防护工作对策研究[J]. 中国校外教育,2019(24):76-77.